职业院校智能制造专业系列教材

单片机应用技术（C语言）

（任务驱动式）

主　编　高玉泉　公茂金
副主编　耿文杰　胡江潮　颜廷皓
参　编　吴　娜　康秀娟　王建成　隋丽梅　杨会军
崔振男　张会永　张军涛　王志军　刘秀玲
王海龙　冯日清　王　发　聂秀丽
主　审　于晓黎

机械工业出版社

本书是根据教育部公布的《中等职业学校机电设备安装与维修专业教学标准（试行）》，同时参照电工职业技能标准进行编写的。本书以任务为主线，把具体任务作为载体，强调“做中学”，着重提高学生解决生产应用中实际问题的能力。本书内容以三个梯度展开：第一部分（模块1、模块2、模块3）介绍单片机C语言开发的基础知识；第二部分（模块4、模块5）以培养学生掌握单片机基本技能为主，介绍单片机开发的常用外部连接；第三部分（模块6、模块7）以讲解单片机开发工程师岗位需要的知识和技能为主，介绍一些较复杂的同时企业流行的接口电路和复杂程序的编程思路等。

本书可作为中等职业学校机电类、电气类、电子信息类专业单片机课程的教材，也可作为相关岗位培训教材及参考用书。

为便于教学，本书配套有电子教案、教学课件、源程序代码等教学资源，读者可登录 www. cmpedu. com 网站注册后免费下载。

图书在版编目（CIP）数据

单片机应用技术：C语言：任务驱动式/高玉泉，公茂金主编．—北京：机械工业出版社，2020.4（2022.2重印）

职业院校智能制造专业系列教材

ISBN 978-7-111-65087-4

Ⅰ.①单…　Ⅱ.①高…②公…　Ⅲ.①单片微型计算机—C语言—程序设计—高等职业教育—教材　Ⅳ.①TP368.1②TP312.8

中国版本图书馆CIP数据核字（2020）第054762号

机械工业出版社（北京市百万庄大街22号　邮政编码100037）
策划编辑：陈玉芝　王　博　责任编辑：陈玉芝　王　博　王振国
责任校对：杜雨霏　封面设计：张　静
责任印制：李　昂
北京捷迅佳彩印刷有限公司印刷
2022年2月第1版第2次印刷
184mm×260mm · 13.25印张 · 324千字
1001—1500册
标准书号：ISBN 978-7-111-65087-4
定价：39.80元

电话服务	网络服务
客服电话：010-88361066	机　工　官　网：www. cmpbook. com
010-88379833	机　工　官　博：weibo. com/cmp1952
010-68326294	金　　书　　网：www. golden-book. com
封底无防伪标均为盗版	机工教育服务网：www. cmpedu. com

前言

为贯彻全国职业技术学校坚持以就业为导向的办学方针，实现以课程对接岗位、教材对接技能的目的，更好地适应“工学结合、任务驱动”教学要求，结合近几年全国职业院校技能大赛选手的参赛实践，我们组织相关院校、企业及行业有关专家共同编写了“职业院校智能制造专业系列教材”，本书是该系列教材之一。

在本书的编写过程中，始终坚持以下原则：

1）坚持以应用为目的，精选任务内容。这些内容符合教学要求，有利于对学生进行全面训练。

2）脱离实训平台，采用Proteus软件仿真的模式，方便学生在没有任何实训设备的情况下，能自主地学习单片机开发知识。同时提供各个项目的硬件电路原理图和详细的元器件列表，方便有条件的教师和学生制作实验开发平台。

3）根据单片机技术的发展，尽可能地在书中充实新知识、新技术等方面的内容。较全面地反映行业的技术发展趋势，缩短学校教育与企业的距离，更好地满足企业用人需求。同时，构建符合当前教学改革方向的，以培养应用型、技术型、革新型人才为目标的内容体系。

4）采用“任务驱动”模式编写，易教易学，为师生所乐用。采用以图代文的编写形式将知识点直观展示出来，降低学生的学习难度，提高其学习兴趣。

本书全部模块的参考学时数为100学时，其中理论知识60学时，实训授课40学时。各院校可以根据各自专业教学的要求和实验室配置对内容进行取舍。

本书由高玉泉、公茂金统稿并任主编，康秀娟、高玉泉编写模块1，吴娜、高玉泉编写模块2和模块7，耿文杰、高玉泉、胡江潮编写附录，隋丽梅编写模块3，颜廷皓编写模块4和模块5，王建成编写模块6，杨会军、崔振男、张会永、张军涛、王志军、刘秀玲、王海龙、冯日清、王发、聂秀丽负责全书图的绘制和程序试验的验证。在本书编写过程中，编者参阅有关文献资料，在此向这些文献资料的作者表示衷心感谢！

由于编者水平有限，书中难免存在不足和疏漏之处，恳请广大读者批评指正。

编　者

目 录 Contents

模块1

单片机应用基础

1

学习指南

从第一代单片机发展至今，单片机已有多个系列上千种类型，其中 8051 系列及衍生品种占有很高的应用比例，具有良好的代表性。本模块旨在从单片机的发展史、应用及基本功能来讲解单片机的基本知识，并通过兼容 8051 系列的 AT89C51 单片机介绍其外部结构和引脚功能等。

能力体系

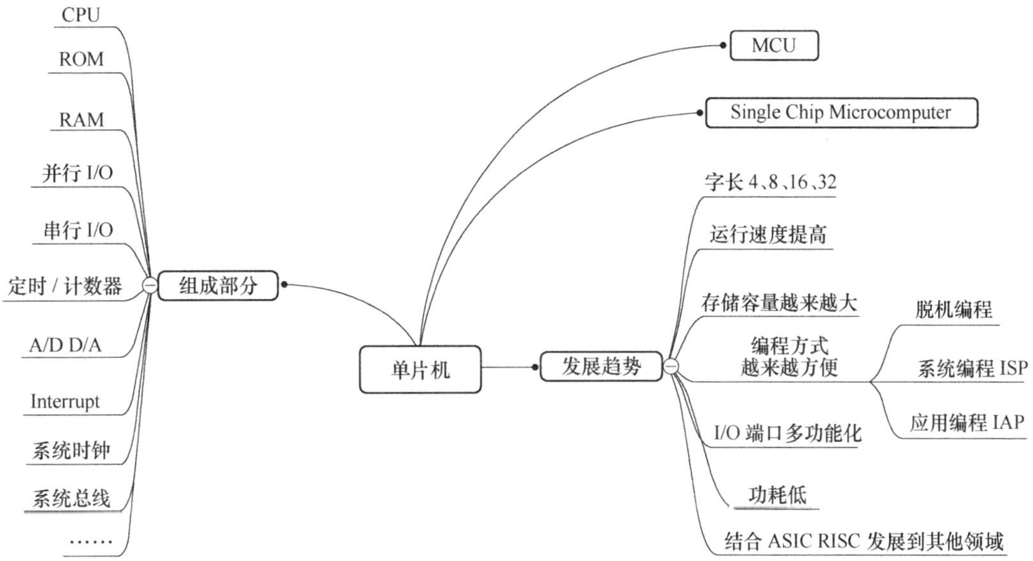

学习建议

可用资源 → PPT

学习方法 → 感性认识可以提高学生对学习的求知欲望，在智能化程度飞速发展的当今社会，通过图片展示引起学生对单片机的浓厚学习兴趣，再演示一些以往学生利用单片机设计完成的作品，以充分调动学生学习的主动性，积极探索，深入研究其中的奥秘。

任务1 认识单片机

学习目标

技能目标：

（1）能识别 MCS-51 系列单片机的型号。

（2）能区分 MCS-51 系列单片机的封装形式。

知识目标：

（1）了解 MCS-51 系列单片机的结构。

（2）理解 MCS-51 系列单片机的引脚功能。

（3）熟悉 MCS-51 系列单片机的最小系统。

素养目标：

（1）对于厂家根据用户的不同需求而推出的众多系列型号的单片机，小组讨论如何选择单片机的系列型号，并介绍所选定型号的单片机的特点、参数和应用场合等。

（2）发扬团队合作精神，善于与人沟通和交流。

描述任务

应用单片机的项目经验介绍，通过实物观看、图片展示等形式，如手持粮库温度寻检设备、抢答器、电话台灯、自动感应水龙头、商场扶梯等，充分展示单片机所应用的场合，体会其应用的普遍性。

任务分析

凡是与控制或简单计算有关的电子设备，其功能都可以用单片机来实现，再根据具体实现情况选择不同性能的单片机，如 Atmel，STC，PIC，凌阳，80C51，ARM 等。

必备知识

智能家居、自动驾驶、智慧农业等智能控制系统已经走进了人们的日常生活，给人们带来了巨大的方便。这些智能控制系统的核心部件之一就是单片机，它使得传统产品变得智能化，如智能型电饭煲、智能型洗衣机、智能楼宇设施等。图 1-1 所示为常见的 STC 单片机芯片。

图 1-1　STC 单片机芯片

一、单片机概述

1. 单片机概念

单芯片微型计算机简称“单片机”，就是在一块硅片上集成了微处理器（CPU）、存储器及各种输入输出接口的芯片，这样一块芯片具有了计算机的属性，因而被称为单片微型计算机。通常，单片机被称为微型控制单元（MCU）。

2. 单片机的发展概况

单片机从诞生至今，不断推陈出新，许多大型企业也推出了具有各自特点的单片机。单片机的发展大致可分为以下 4 个阶段。

（1）单片机诞生阶段（20 世纪 70 年代中期）　美国 Fairchild 公司研制的 F8 系列单片机和 Intel 公司研制的 3870 系列单片机为这一阶段的代表产品。

（2）单片机初级阶段（20 世纪 70 年代后期）　该阶段单片机的特点是资源少、性能低、品种少、功能单一。典型产品有 Intel 公司推出的 MCS-48 系列单片机和 Zilog 公司的 Z8 系列单片机。

（3）单片机成熟阶段（20 世纪 80 年代）　该阶段单片机具有存储容量较大，普遍包含串口、中断、定时器，寻址范围广等特点。典型产品有 Intel 公司研制的 MCS-51 系列单片机和 Motorola 公司研制的 MC6801 系列单片机。该时期的单片机品种齐全，其功能及性能大部分可以满足应用需求。

（4）单片机全面发展阶段（20 世纪 90 年代至今）　单片机被广泛应用于各个领域，世界上许多大型企业都研制针对不同领域的单片机。目前，单片机除了 8 位机广泛应用之外，16 位机、32 位机也被广泛应用于各种智能产品中。单片机的内部结构更加完美，片内外围功能电路越来越完善，并都在向低功耗、高性能方向发展。

3. 单片机的类型及其特点

（1）MSP430 系列单片机　MSP430 系列单片机是由美国德州仪器公司推出的 16 位超低功耗，具有混合信号处理功能的单片机，该单片机多应用于电池供电仪表中。

（2）Atmel 单片机　Atmel 公司推出的两大系列单片机分别为 AVR 系列单片机和 AT89 系列单片机。其中，AVR 系列单片机是一款精简指令集的高速 8 位单片机，片内资源丰富，广泛应用于工业实时控制、仪器仪表、通信设备和家用电器等领域。AT89 系列单片机是 Atmel 公司推出的另一款 8 位高性能单片机，广泛应用于嵌入式控制领域中。

（3）PIC 系列单片机　PIC 系列单片机是由 Microchip 公司推出的单片机产品，包括 8 位、16 位、32 位单片机。PIC 系列单片机主要用于工业控制领域中同步电动机的控制，以及消费电子、汽车电子、金融电子等领域。

（4）STC 单片机　STC 单片机是由宏晶科技有限公司推出的 MCS-51 系列单片机，它采用增强型 8051 内核，具有片内数据存储容量大、适用电压范围宽、功耗低、运行速度快等特点。STC 单片机被广泛应用于智能家居、仪器仪表等领域。

4. 单片机的型号编码

各大公司生产的单片机都有自己的型号编码规则，用户依据单片机的型号编码可以很方便地了解单片机的性能、封装、适用范围等信息。现以 STC 系列单片机为例来说明编码规则如图 1-2 所示。

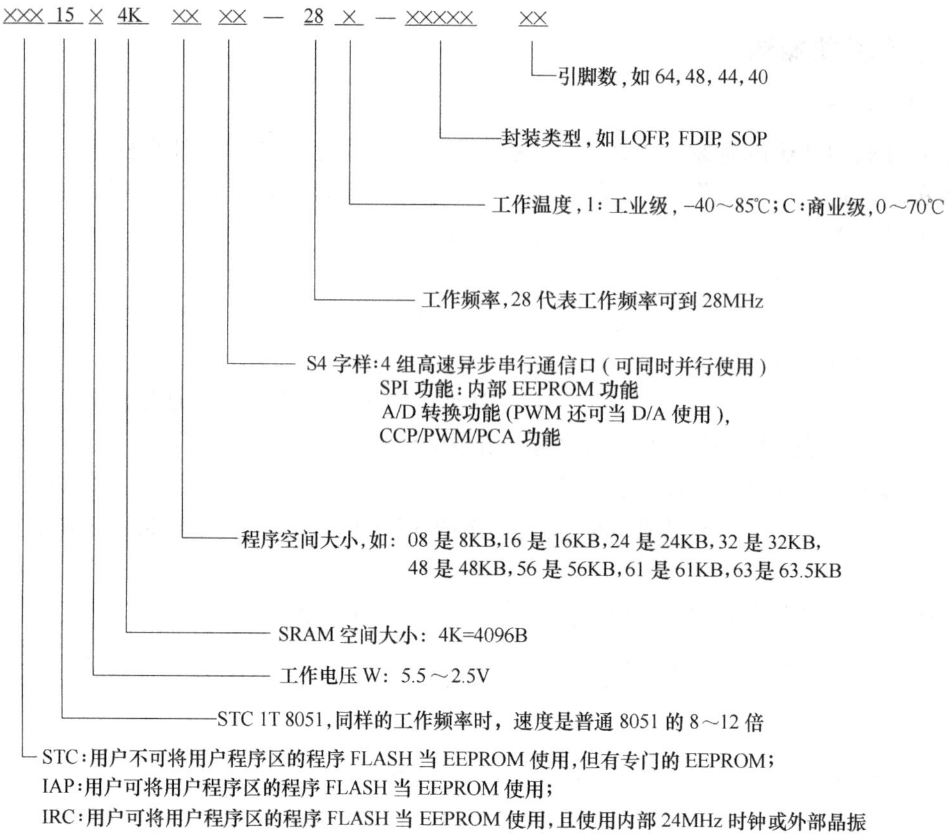

图1-2 STC系列单片机的型号编码规则

二、MCS-51系列单片机的结构组成

MCS-51系列单片机是由美国Atmel公司生产的一系列单片机的总称，这一系列单片机包括很多产品，由于该系列其他单片机大多是在8051基础上进行功能的增减和改变而来的，因而人们习惯用8051来称呼MCS-51系列单片机。因为Atmel公司将MCS-51的核心技术授权给了很多公司，所以有很多公司都在生产以8051为核心的单片机，但其功能上会有所改变，以满足不同的需求。其中，美国Atmel公司开发生产的89系列单片机是MCS-51系列单片机最典型的产品。AT89C51单片机在通用型MCS-51基础上有所改进，程序和引脚完全兼容传统的8051单片机。图1-3所示为MCS-51系列单片机的结构组成。

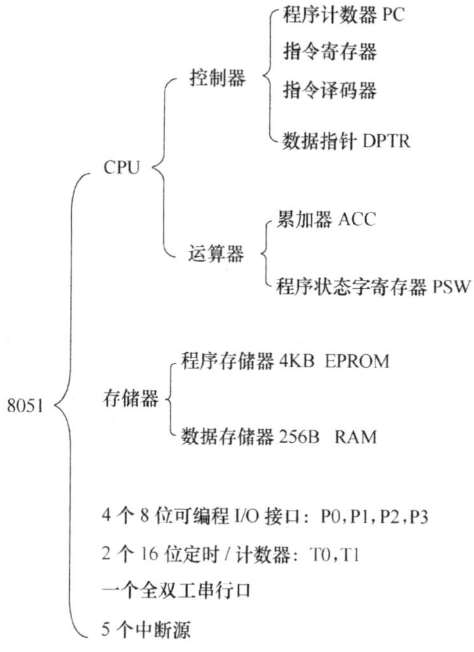

图1-3 MCS-51系列单片机的结构组成

（1）单片机的封装形式　目前，单片机的种类繁多，各个企业推出了适合于相关领域的各种封装形式。MCS-51 系列单片机比较主流的封装形式有 PDIP、TQFP、PLCC 三种，如图 1-4 所示。

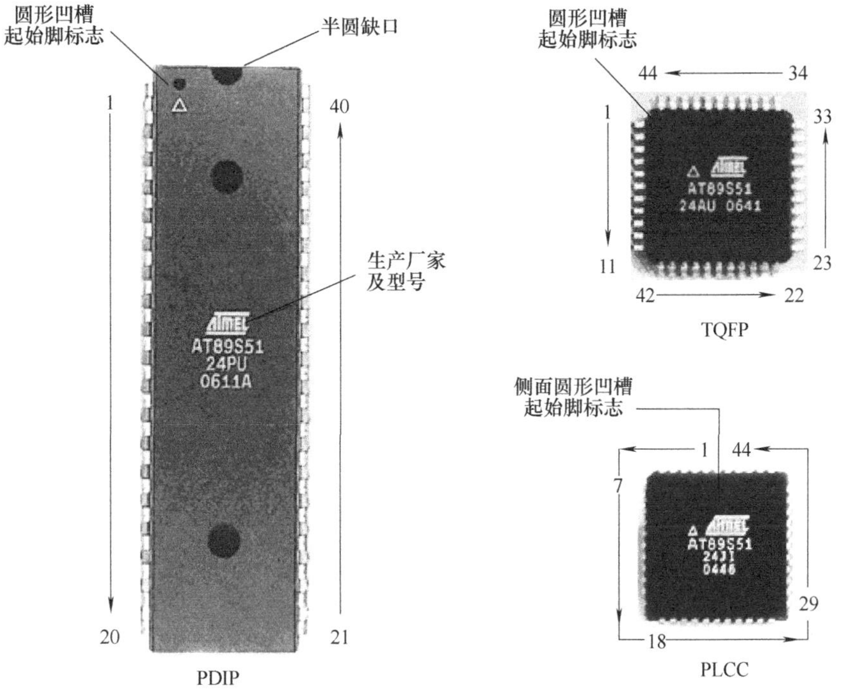

图 1-4　PDIP 、TQFP、PLCC 三种封装形式的单片机

以 PDIP 封装的 AT89C51 单片机为例，其共有 40 个引脚，这些引脚可以分为以下四大类：

①电源引脚。电源引脚包括 VCC（40 脚）和 GND（20 脚）。其中 VCC 为电源正极，接 +5V 直流电源；GND 为电源负极接地。

②时钟引脚。时钟引脚包括 XTAL1（19 脚）和 XTAL2（18 脚）。其中 XTAL1 为内部时钟电路反相放大器的输入端，接外部晶振的一个引脚，当直接使用外部时钟源时，接外部时钟源的输入端；XTAL2 为内部时钟电路反相放大器的输出端，接外部晶振的一个引脚，当直接使用外部时钟源时，该引脚悬空。

③控制引脚。控制引脚 RST（9 脚），即复位脚/备用电源输入端。当 RST 引脚出现持续两个机器周期以上的高电平时，单片机实现复位操作。

④I/O 引脚。I/O 引脚包括 P0～P3 口。其中 P0 口（32～39 脚）既可以作为输入/输出口，也可以作为地址/数据复用的总线口。当作为 8 位准双向输入/输出口时，由于 P0 口内部无上拉电阻，因而必须外接上拉电阻；当作为地址/数据复用总线时，为低 8 位地址线（A0～A7）/数据线（D0～D7），无须外接上拉电阻。P1 口（1～8 脚）作为 8 位准双向输入/输出口，内部带上拉电阻。P2 口（21～28 脚）既可以作为 8 位准双向输入/输出口，内部带上拉电阻，也可以作为高 8 位的地址总线（A8～A15）。P3 口（10～17 脚）可作为 8 位

准双向输入/输出口，内部带上拉电阻。除此之外，P3 口还具有第二功能，见表 1-1。

表 1-1　P3 口的第二功能

引脚	符号名称	功能
P3. 0	RXD	串行数据接收
P3. 1	TXD	串行数据发送
P3. 2	$\overline{\mathrm{INT0}}$	外部中断 0 输入
P3. 3	$\overline{\mathrm{INT1}}$	外部中断 1 输入
P3. 4	T0	定时器 0 的外部输入
P3. 5	T1	定时器 1 的外部输入
P3. 6	$\overline{\mathrm{IWR}}$	外部数据存储器的写信号
P3. 7	$\overline{\mathrm{RD}}$	外部数据存储器的读信号

（2）单片机的引脚功能　单片机引脚排列如图 1-5 所示。

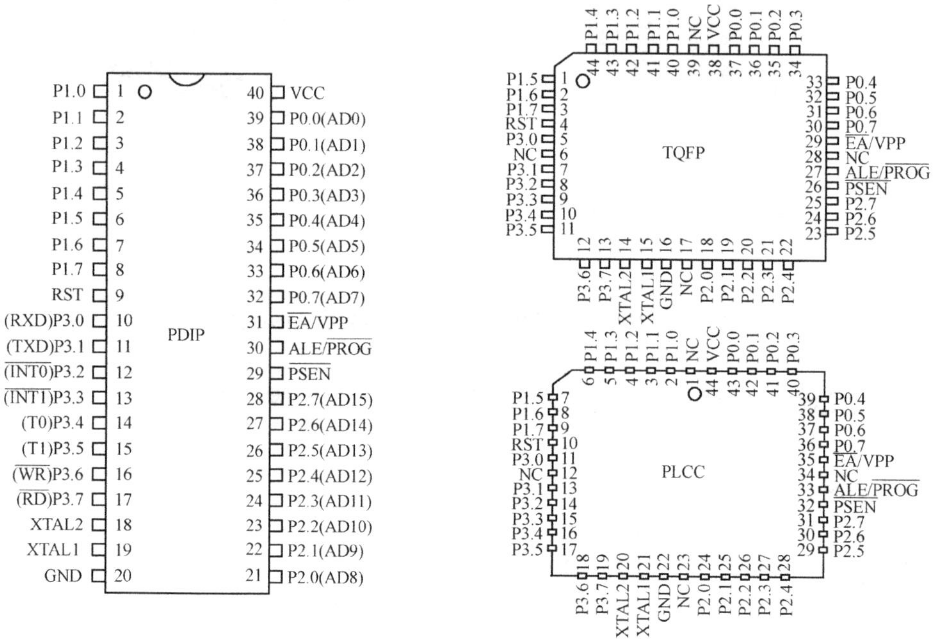

图 1-5　PDIP 、TQFP、PLCC 三种封装形式的单片机引脚排列

以 PDIP 封装形式为例，部分引脚功能如下：

$\overline{\mathrm{EA}}$/VPP（31 脚）：片外程序存储器的选择输入端/编程电源端。当$\overline{\mathrm{EA}}$引脚为低电平时，单片机访问外部程序存储器；VPP 端是片内 Flash 存储器编程时允许电源+12V 的输入端。

ALE/$\overline{\mathrm{PROG}}$（30 脚）：地址锁存/EEPROM 编程脉冲。

$\overline{\mathrm{PSEN}}$（29 脚）：外部程序存储器的读选通信号。当 CPU 读取外部存储器时，$\overline{\mathrm{PSEN}}$为低电平，开始对外部程序存储器进行读操作。

知识链接

教你一招：

在实践中，应该从单片机芯片上辨识出：封装类型、引脚顺序、厂商标志、芯片型号、芯片参数和生产日期等。需要指出的是，各个生产厂商的标志方式不完全相同，具体应参看各厂商给出的数据手册或封装说明等资料。

任务总结与评价

项目名称：		班级			
工作任务：		姓名		学号	
任务过程评价（100分）					
序号	项目及技术要求	评分标准			得分
		优秀	良好	仍需努力	
1	认知单片机的名称、序号，理解单片机的功能，得20分				
2	识别单片机的各引脚，并说出其作用，得20分				
3	联系生活、生产说明单片机的应用，得20分				
4	正确使用设备、材料及工具，得20分				
5	集体意识考量，各成员分工协作，积极参与，得20分				
总评		总分：			
		教师签字：			年 月 日

任务2 单片机的工作条件

学习目标

技能目标：

(1) 熟练绘制单片机的最小系统电路图。

(2) 掌握时钟（或晶振）电路、复位电路的组成，能够按照要求在电路板上设计安装单片机最小系统电路。

知识目标：

(1) 掌握单片机最小系统的基本概念及其组成。

(2) 掌握单片机两种时钟电路的组成。

(3) 掌握单片机复位电路的工作过程。

素养目标：

（1）各型号单片机的最小系统电路大致相同，都是由电源电路、时钟电路和复位电路组成的，通过查阅相关资料绘制典型PIC单片机的最小系统。

（2）提高团队合作意识，按时完成各项学习任务。

描述任务

随着城市建设和市场经济的飞速发展，城市的美好和日益激烈的广告竞争越来越得到社会的关注，用于城市装饰和广告宣传的霓虹灯的需求也越来越大。过去霓虹灯控制器多采用EEPROM和相应的逻辑电路来完成，现在也采用一些专用霓虹灯控制芯片的控制器。前者所需电路较多，制作不易改变，且所需控制的霓虹灯路数越多，扩展起来就越困难；而后者由于电路已确定，其控制方式不能随意改变，故功能较为单一。然而市场上需要低成本、高性能的霓虹灯技术，此次设计的霓虹灯控制系统就符合市场需求。

任务分析

单片机最小系统，或者称为最小应用系统，是指用最少的元件组成的单片机可以工作的系统。对于51单片机说，最小应用系统的硬件一般包括单片机、晶振电路、复位电路、电源电路、下载电路。在本次任务中练习霓虹灯控制系统线路的设计、安装，重点考察时钟电路、复位电路的组成，从而加强学生对单片机最小应用系统组成的感性认识。

必备知识

单片机是一块集成度很高的芯片，但由于晶振电路、开关电路等无法集成到芯片上，因而要使单片机正常工作还需要添加一些外围电路。本任务是用AT89S51单片机设计并制作单片机的最小系统。

什么是单片机的最小系统呢？单片机的最小系统是指在最少外围电路的条件下，能使单片机正常工作的电路系统。如图1-6所示，这个单片机的最小系统电路主要包括时钟电路、复位电路和电源电路。

任务实施

一、时钟电路、复位电路及电源电路的组成

1. 时钟电路

时钟电路为单片机提供工作时所需的时钟信号。单片机在时钟信号的控制下按时间顺序执行指令，单片机的各个部件都采用统一时钟信号才能正常工作。例如，定时/计数器需要时钟提供计数脉冲，串口需要根据时钟产生定义的通信波特率。时钟的频率影响着单片机的运行速度。根据单片机产生时钟方式的不同，AT89S51单片机时钟电路可分为内部时钟方式

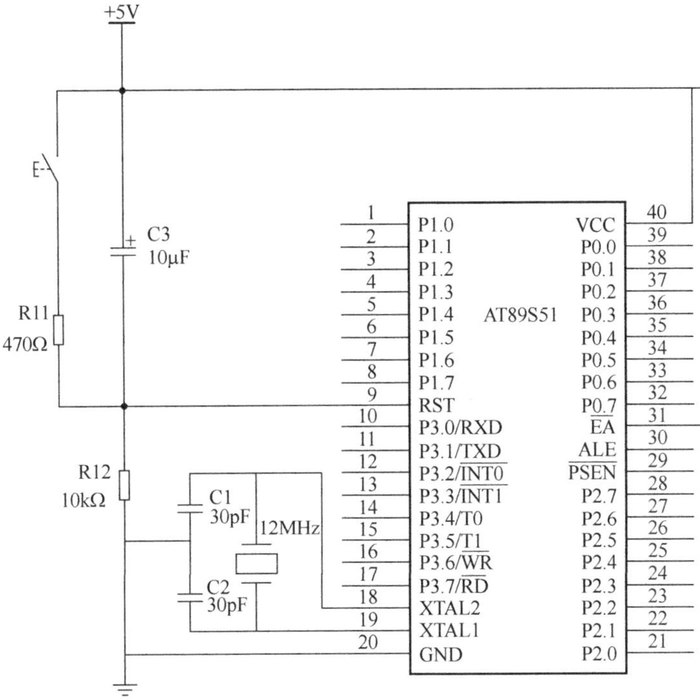

图 1-6 AT89S51 单片机的最小系统电路

和外部时钟方式两种。

（1）内部时钟方式电路 在单片机的 XTAL1 和 XTAL2 引脚两端连接晶振和电容，即构成单片机的自激振荡器。AT89S51 单片机的内部时钟方式电路如图 1-7 所示，由晶振、电容组成的时钟电路为单片机提供统一的时钟信号，MCS-51 系统单片机的晶振频率一般选择 1.2~2.4MHz，而 AT89S51 单片机的最高频率可以选择 24MHz，晶振频率的选择应根据具体的工作任务或单片机型号来决定。AT89S51 单片机时钟电路中的微调电容一般选在 22~30pF。

（2）外部时钟方式电路 外部时钟方式是指单片机的时钟信号由外部时钟信号提供，脉冲信号由 XTAL1 引脚输入，XTAL2 引脚悬空。外部时钟方式电路如图 1-8 所示，在单片机时钟信号频率的工作范围内，根据用户的时钟工作频率从外部输入时钟信号。

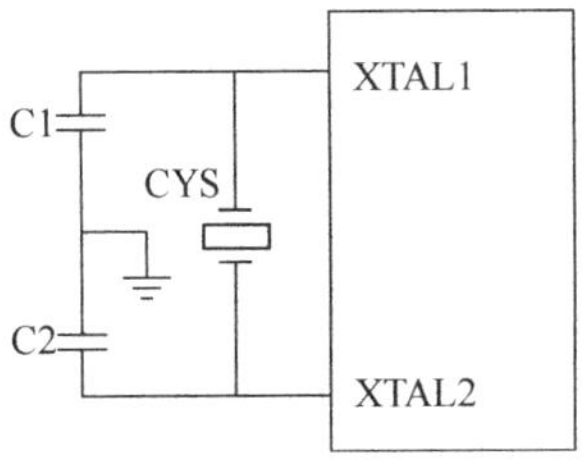

图 1-7 内部时钟方式电路

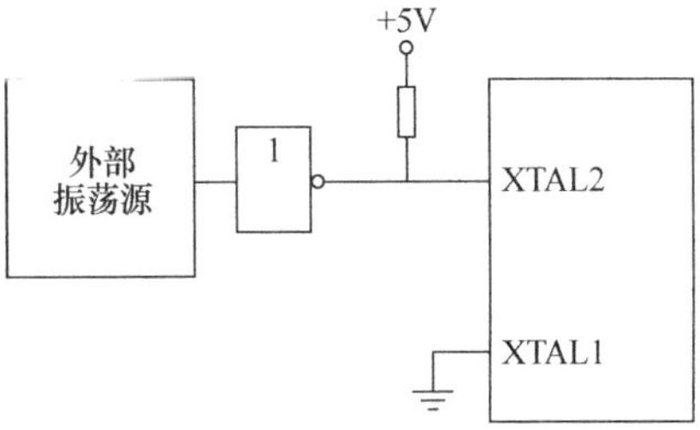

图 1-8 外部时钟方式电路

2. 复位电路

单片机系统在运行过程中，当受到外界环境干扰而使程序出现异常，或者通电操作需要使单片机处于初始状态时，都需要对单片机进行复位。单片机复位是指单片机进行初始化，PC 指向 0000H 地址开始执行程序，单片机的特殊功能寄存器刷新在默认状态。对单片机进行复位操作，只需在单片机的 RST 引脚上保持两个机器周期以上的高电平即可。复位操作对一些特殊功能寄存器的值有影响，但不影响片内 RAM 存放的内容。在复位有效期间，控制引脚 ALE 和$\overline{\text{PSEN}}$输出高电平。单片机复位电路包括通电复位和按钮复位两种形式。

（1）通电复位形式　如图 1-9 所示，单片机系统在接上电源的瞬间，电容初始状态没有电荷，电容两端的电压不能突变，这时单片机的 RST 端电压等于电源电压，单片机复位。随着电源给电容充电，电阻上的电压逐渐减小，最后为 0V，单片机正常工作。这一过程称为通电复位。

（2）按钮复位形式　如图 1-10 所示，将按钮并联在电容的两端，按下按钮时，单片机的 RST 引脚连接到电源，为高电平，单片机复位。松开按钮时，单片机正常工作。

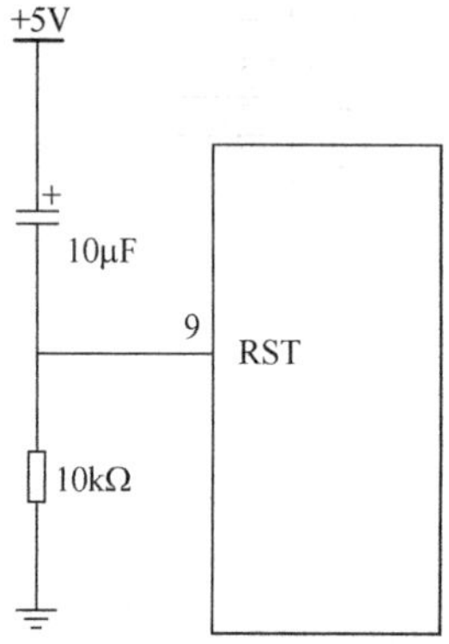

图 1-9　通电复位电路

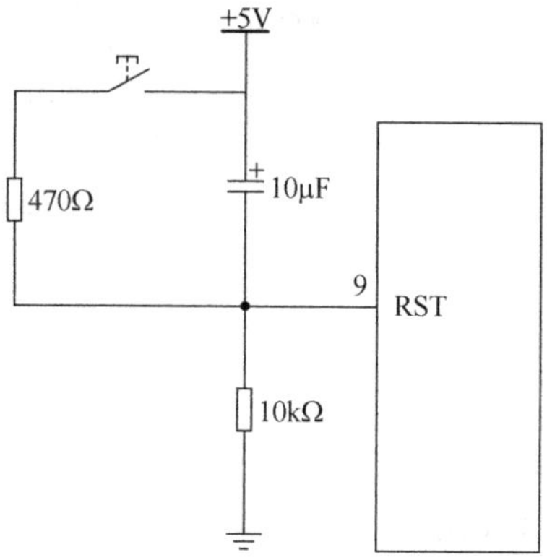

图 1-10　按钮复位电路

3. 电源电路

AT89S51 单片机采用 5V 电源供电。单片机电源 VCC 引脚连接到+5V，通常在电源接口处连接 0.1μF 滤波电容，为单片机提供稳定电源。

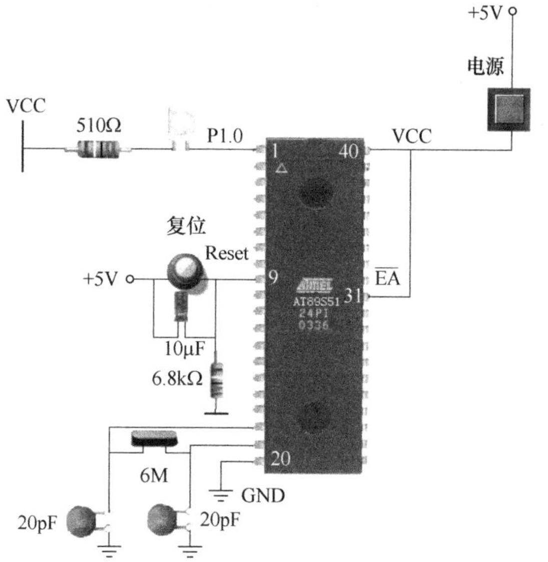

图 1-11　霓虹灯控制的实物焊接图

二、准备实施

1）AT89S51 单片机每人一片。

2）霓虹灯控制的实物焊接模拟教学演示板一块，并下载霓虹灯闪烁程序。

3）多媒体教学平台。

4）焊接图如图 1-11 所示。

任务总结与评价

项目名称：		班级			
工作任务：		姓名		学号	
任务过程评价（100 分）					
序号	项目及技术要求	评分标准			得分
		优秀	良好	仍需努力	
1	正确绘制单片机最小系统电路图，得 20 分				
2	正确使用电子仪器仪表检测元器件质量，得 20 分				
3	元器件的位置及焊接质量均正确，得 20 分				
4	技术指标达标，得 20 分				
5	集体意识考量，各成员分工协作，积极参与，得 20 分				
总评		总分：			
		教师签字：			年　月　日

任务拓展

教你一招：

（1）时钟电路的设计，如果自己在设计单片机的印制电路板（PCB）时，晶振和电容应尽可能地与单片机芯片靠近，以减少引线的寄生电容，保证振荡器可靠工作。

（2）在单片机系统中，复位电路是非常关键的，当程序“跑飞”（运行不正常）或“死机”（停止运行）时，就需要复位操作。一般来说，只要 RST 引脚上保持高电平 10ms 以上，就能使单片机有效复位。在复位电路中所示的电阻和电容为经典值，实际制作时是可以用同一数量级的电阻和电容代替的，我们可以自行计算 RC 充电时间或工作环境实际测量，以确保单片机的复位电路可靠工作。

模块2

2 单片机开发软件

学习指南

基于当前广为应用的单片机仿真软件 Proteus 和单片机开发软件 Keil C51 集成开发环境，用实例详细介绍单片机仿真软件 Proteus 的使用方法，单片机开发软件 Keil C51 集成开发环境，Keil C51 的使用方法、源代码级别的调试，以及 Keil C51 与 Proteus 联合调试方法，详细展示 Proteus 仿真原理图、程序代码和仿真调试方法，便于学生学习、实践。

能力体系

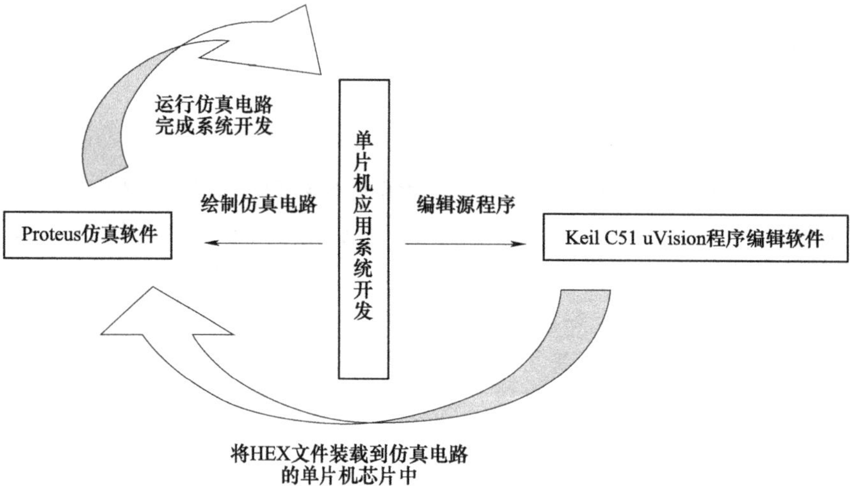

学习建议

可用资源 ⇨ PPT

学习方法 ⇨ 先从单片机最小系统实训入手，从仿真软件Proteus到单片机开发软件Keil C51逐步进行实训，针对单片机开发软件形成全方位的体验。

任务 1　Proteus ISIS7 软件的使用

学习目标

技能目标：

(1) 能够运用 Proteus 软件绘制单片机最小系统原理图。

(2) 能将 HEX 程序装载到单片机芯片中。

知识目标：

(1) 放置常用元件时，能够正确录入其关键字文本框。

(2) 能够针对单片机最小系统设计简单电路原理图。

素养目标：

(1) 在运用仿真软件的过程中，能够通过协作的方式解决仿真过程中遇到的问题。

(2) 在完成任务的过程中，能够总结解决问题的途径与方法。

描述任务

本任务是利用单片机仿真软件 Proteus 和单片机开发软件 Keil C51 集成开发环境，实现单片机最小系统，即单只发光二极管点亮。

任务分析

知识点：

单片机最小系统包括单片机芯片、复位电路和外接晶振电路。

本任务要实现单只发光二极管点亮，需要一只发光二极管和一个限流电阻。

技能点

运用 Proteus 软件绘制单片机最小系统原理图。

必备知识

本任务实现单片机最小系统电路图时，在单片机的端口引脚上接一只发光二极管，并将其点亮。

为了使单片机能够工作并控制一只发光二极管，需要在单片机最小系统的基础上增加控制发光二极管的硬件电路。如图 2-1 所示，由电阻 R1、电容 C3 构成复位电路，晶振 X1、电容 C1、电容 C2 构成振荡电路，引脚$\overline{EA}$接电源使单片机从其内部的程序存储器中读取指令并运行。这几个引脚及其外部元件构成了 AT89C51 的最小系统。

将发光二极管接在单片机 P2 口的 P2.0 引脚上，使发光二极管受 P2.0 引脚高低电平的控制。电路中的 R2 为限流电阻，用来限定流过发光二极管的电流，电阻的取值应使发光二极管工作在安全电流范围之内。

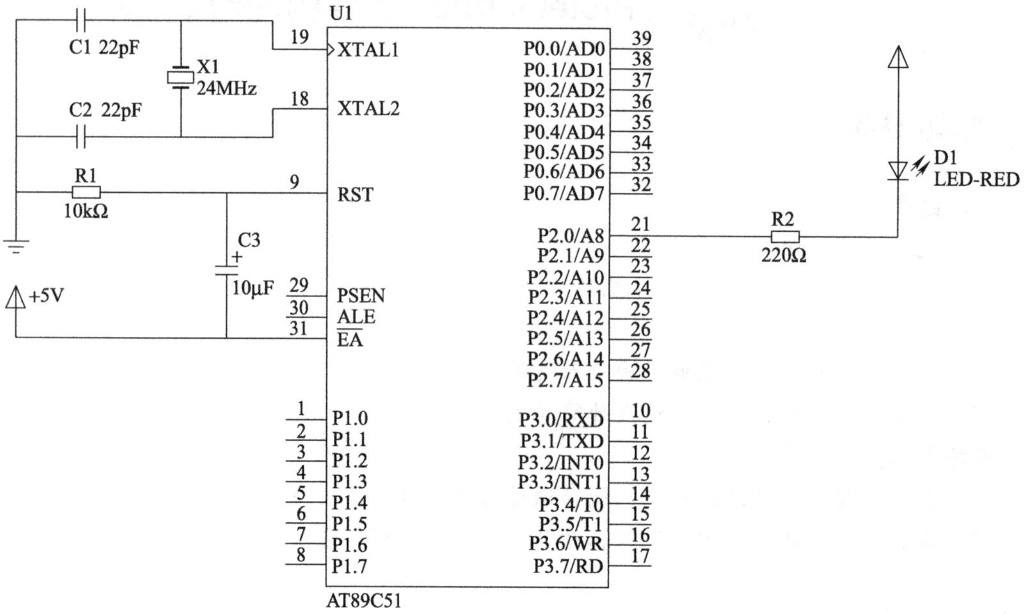

图 2-1　单片机最小系统电路⊖

任务实施

一、进入 Proteus 软件

双击桌面上的 ISIS 7 Professional 图标弹出如图 2-2 所示的启动界面，表明进入了 Proteus ISIS 集成环境。

图 2-2　启动界面

⊖ 为确保元器件的图形和文字符号在正文与图中保持一致，部分仍使用了旧国标符号，如发光二极管采用 D 作为文字符号，最新国家标准应为 VL。

二、ISISP 窗口功能简介

Proteus 工作界面是一种标准的 Windows 界面，如图 2-3 所示。

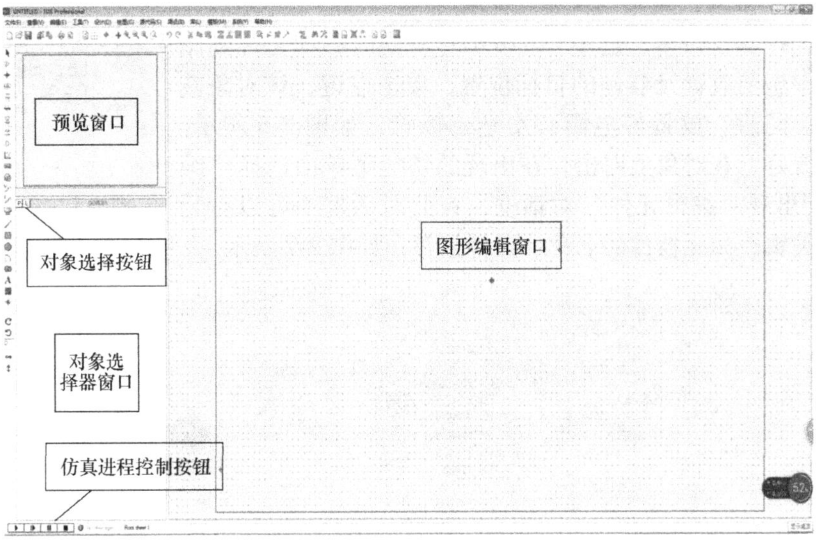

图 2-3　Proteus 工作界面

三、Proteus 原理图的设计

通过单片机最小系统电路图来学习如何运用 Proteus 软件绘制原理图以及实现 Proteus 仿真。

1. 将所需元器件添加到对象选择器窗口

单击对象选择器中的按钮P，弹出“Pick Devices”对话框，如图 2-4 所示，在“关键字”文本框中输入“AT89C51”，系统在对象库中进行搜索查找，并将搜索到的结果显示在“结果”栏中。

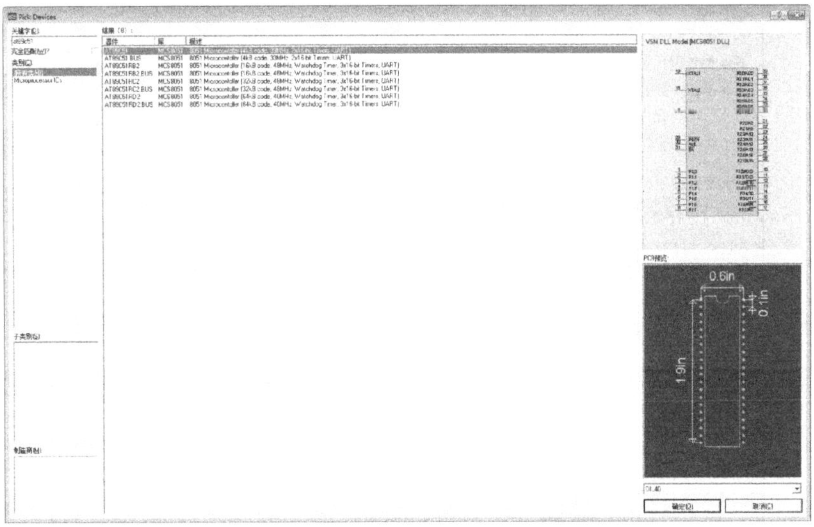

图 2-4　添加 AT89C51

在“结果”栏的列表项中，双击“AT89C51”则将 AT89C51 添加到对象选择器窗口。接着再继续添加相关的元器件，将本任务所需元器件均添加到对象选择器中，如图 2-5 所示。

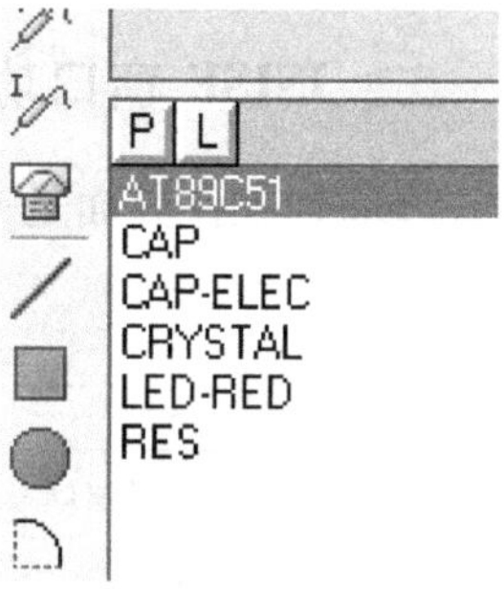

图 2-5　对象选择器中的元器件

2. 将元器件放置到图形编辑窗口并编辑

在对象选择器窗口中，选中“AT89C51”同时移动光标到图形编辑窗口中想要放置元器件的目标位置，单击左键，该对象就被放置好了。同理，放置好电阻、发光二极管，如图 2-6 所示。将元器件放置好，在对象上右击，在出现的快捷菜单中选择“编辑属性”，则出现“编辑元件”对话框，在此对话框中可以对元件属性进行编辑，如元器件的名称、元件值等，如图 2-7 所示。

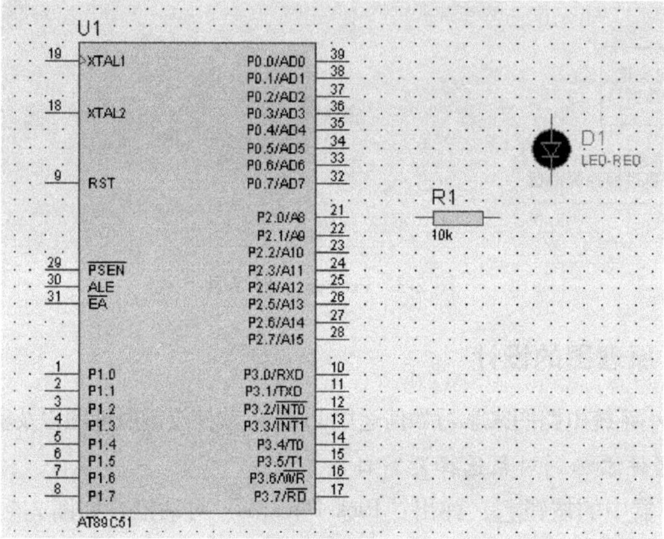

图 2-6　放置元器件

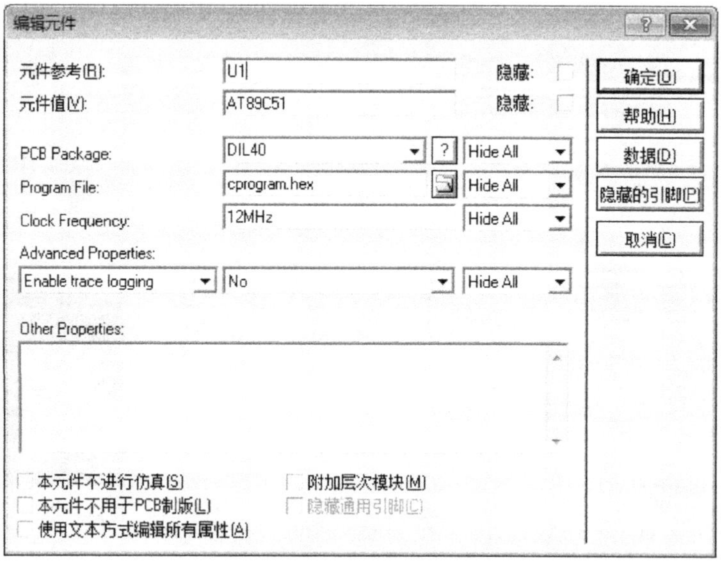

图 2-7　“编辑元件”对话框

（1）放置电源及接地符号　在绘图工具栏中选中终端模式后，在对象选择器窗口中就出现了一些接线端，如图 2-8 所示，在对象选择器单击“POWER”就可以把电源符号放到图形编辑区了。同理，在对象选择器中单击“GROUND”，就可以在图形编辑区放置接地符号。

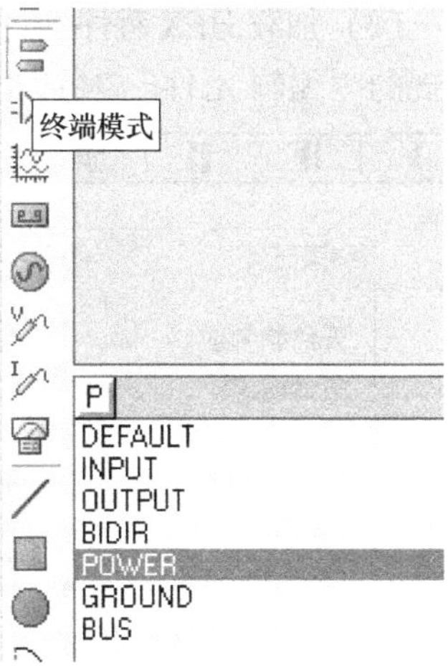

图 2-8　电源及接地符号

（2）元器件之间的连线　在绘图工具栏中选择后，软件能够智能化地检测需画线的位置，把光标移到元器件的某个引脚处，该引脚会出现一个矩形框，表明已经捕捉到该节点，单击左键，拖动鼠标会有一条线追踪光标移动，当移动到需要连接的另外一个引脚处时，该引脚也出现一个矩形框，双击左键，则完成连线，如图 2-9 所示。

同理完成单片机最小系统原理图的绘制，如图 2-10 所示。

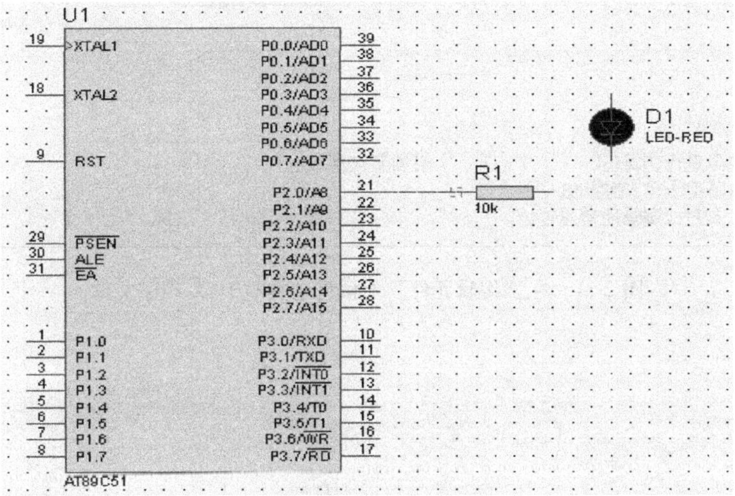

图 2-9　元器件之间的连线

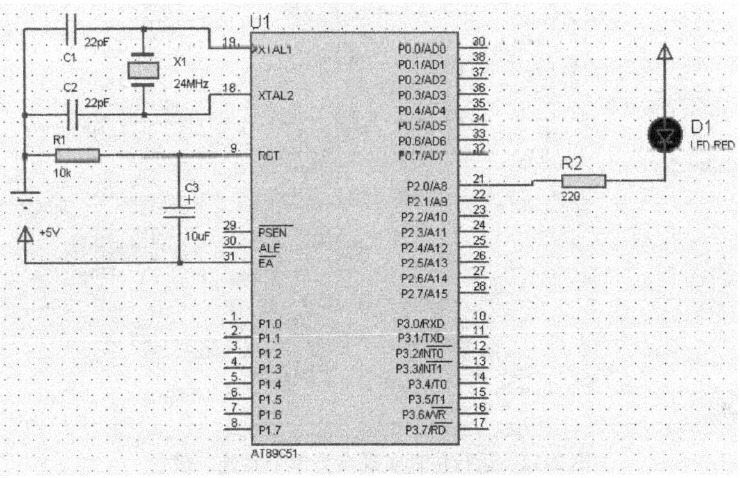

图 2-10　单片机最小系统原理图

（3）加载 HEX 程序文件，调试仿真　在 AT89C51 芯片上右击，选择“编辑属性”，在出现的“编辑元件”对话框中加载 HEX 程序文件，如图 2-11 所示。在仿真控制按钮  中单击“运行”按钮 ，实现仿真，如图 2-12 所示。

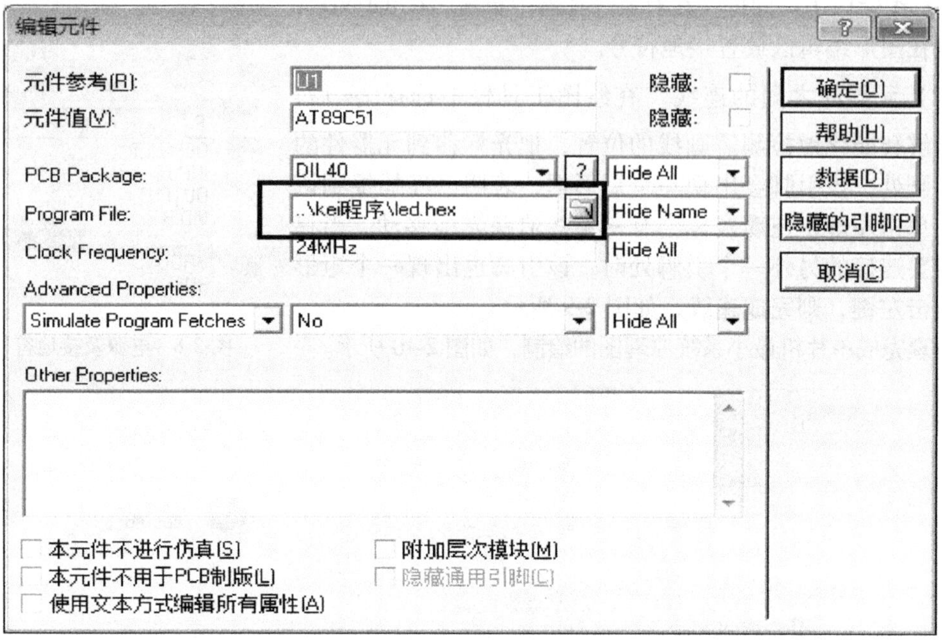

图 2-11　在“编辑元件”对话框中加载 HEX 程序文件

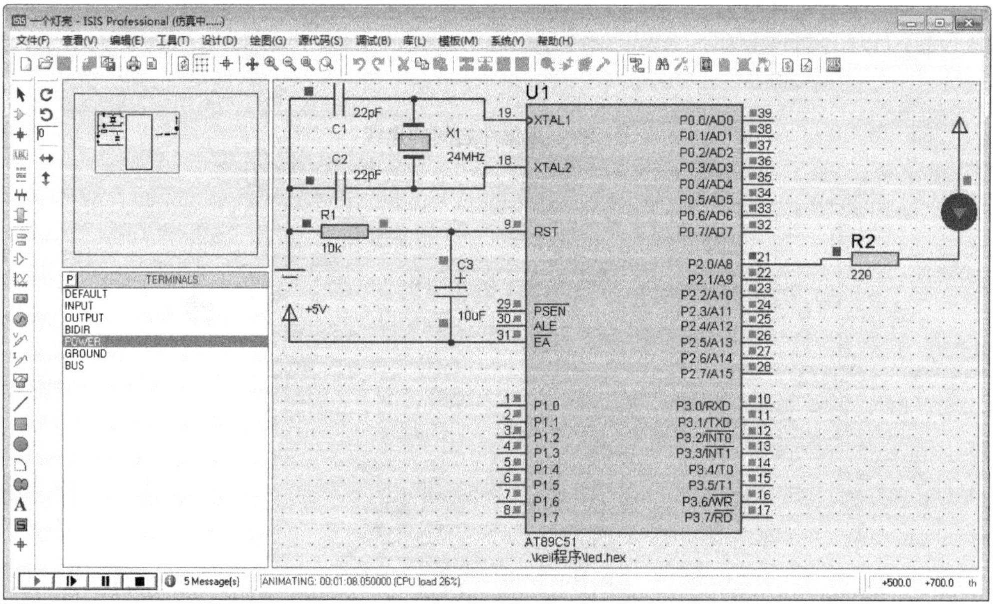

图 2-12　运行仿真实现点亮单个发光二极管

任务总结与评价

<table>
<tr><td colspan="2">项目名称：</td><td>班级</td><td colspan="3"></td></tr>
<tr><td colspan="2">工作任务：</td><td>姓名</td><td colspan="2"></td><td>学号</td></tr>
<tr><td colspan="6">任务过程评价（100 分）</td></tr>
<tr><td rowspan="2">序号</td><td rowspan="2">项目及技术要求</td><td colspan="3">评分标准</td><td rowspan="2">得分</td></tr>
<tr><td>优秀</td><td>良好</td><td>仍需努力</td></tr>
<tr><td>1</td><td>能够描述单片机最小系统的各组成部分，得 20 分</td><td></td><td></td><td></td><td></td></tr>
<tr><td>2</td><td>在 Proteus 软件的对象选择器窗口中正确添加所需元器件，得 20 分</td><td></td><td></td><td></td><td></td></tr>
<tr><td>3</td><td>在 Proteus 软件中正确添加电源及接地符号，得 20 分</td><td></td><td></td><td></td><td></td></tr>
<tr><td>4</td><td>在 Proteus 软件中正确绘制元器件之间的连线，得 20 分</td><td></td><td></td><td></td><td></td></tr>
<tr><td>5</td><td>在 Proteus 软件中正确绘制出完整的最小系统原理图，得 20 分</td><td></td><td></td><td></td><td></td></tr>
<tr><td rowspan="2">总评</td><td rowspan="2"></td><td colspan="3">总分：</td><td></td></tr>
<tr><td colspan="3">教师签字：</td><td>年　月　日</td></tr>
</table>

任务拓展

小知识窗：

在 Proteus 软件中绘制元器件之间的连线时，有时采用连续画法，有时采用中断画法。当采用中断画法时，就需要对导线进行标记。单击绘图工具栏中的“导线标签”按钮 LBL，使之处于选中状态，将光标置于图形编辑窗口中需标标签的导线上，接着光标就会出现一个“×”号，表明找到了可以标注的导线，单击出现对话框，在“标号”文本框中输入标签名称，单击“确定”完成标注。

注意：对于相互连通的导线，标注的标号要一致。

任务 2　Keil C51 μVision4 软件的使用

学习目标

技能目标：

(1) 能够运用 Keil C51 μVision4 软件建立工程文件。

(2) 能正确使用 Keil C51 μVision4 软件进行 C 程序的调试。

知识目标：

（1）能够描述简单 C 语言程序指令。

（2）能够针对此次任务运用 C 语言指令对单片机的相关引脚进行正确控制。

素养目标：

（1）在编写 C 语言程序的过程中，能够通过协作的方式解决程序编译过程中遇到的问题。

（2）在完成任务的过程中，能够总结解决问题的途径与方法。

描述任务

基于单片机最小系统，使单个发光二极管点亮。发光二极管的正极接电源，负极接单片机的并行口 P2.0，通过控制 P2.0 的电平高低就可以控制发光二极管的亮灭，也就是通过软件运行 C 程序来改变 P2.0 的值，进而控制发光二极管的亮灭。

任务分析

知识点：（1）简单 C 程序的一般格式。

（2）运用 C 程序对单片机的相关引脚进行控制。

技能点：使用 Keil C51 μVision4 软件进行 C 程序的调试。

必备知识

使用 Keil 软件对单片机的源程序进行编辑、编译和调试等操作。编译完成之后，只有将编译后得到的 HEX 文件写入单片机芯片中，才能实现单片机系统按照所设计的程序运行。

简单 C 程序示例如下：

```
#include "reg51.h"                //包含头文件
sbit led=P2^0;                    //定义 led 变量,表示 P2.0 端口
void main(void)                   //主函数
{                                 //函数需要用一对花括号括起来
  led=0;                          //给 P2.0 赋值 0,使 P2.0 端输出低电平,点亮 LED
  while(1)                        //等待循环,“;”语句表示空语句,不可省略
  { ; }
}
```

任务实施

一、Keil 软件界面

Keil 软件界面如图 2-13 所示。

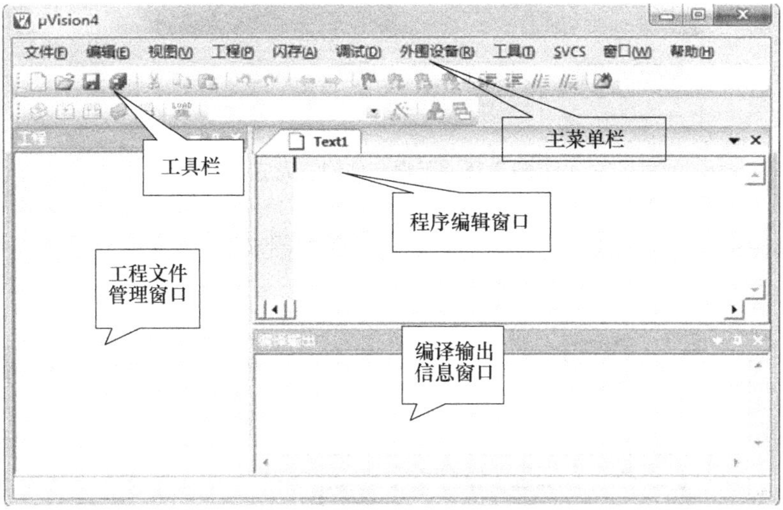

图 2-13　Keil 软件界面

二、新建工程并设置

在菜单栏中单击“工程”菜单项 ，在下拉菜单中选择“新建 μVision 工程”项，出现新建工程对话框，设置工程文件的存放位置和工程文件的名称，单击“确定”后出现如图 2-14 所示的单片机类型选择界面，选择“Atmel”选项中的“AT89C51”，单击“确定”后完成工程文件的创建，出现如图 2-15 所示的界面，左上角显示工程文件的名称“led”。

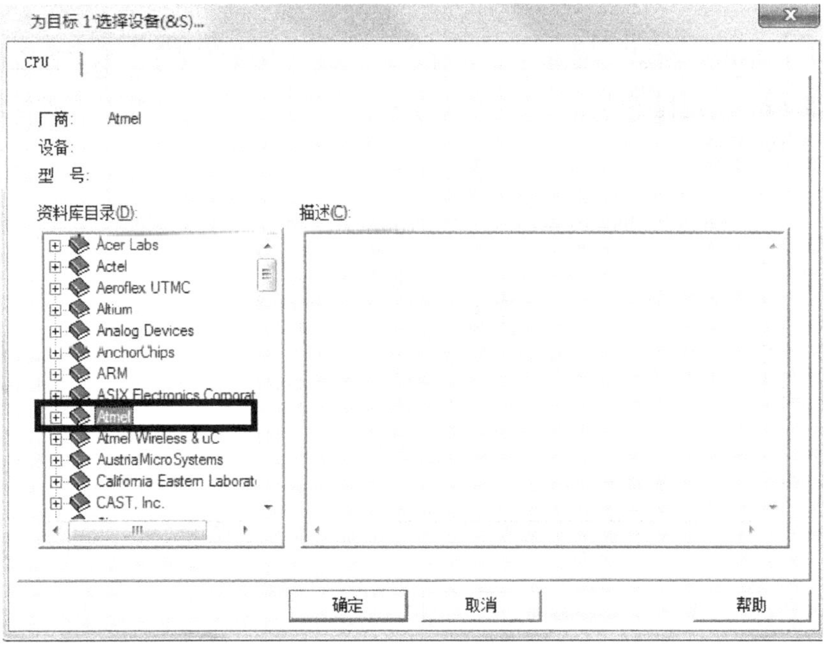

图 2-14　单片机类型选择界面

图 2-15　工程文件创建完成

单击工具栏中的“目标选项”按钮，出现如图 2-16 所示的对话框，打开“输出”选项卡，选中“产生 HEX 文件”复选框。

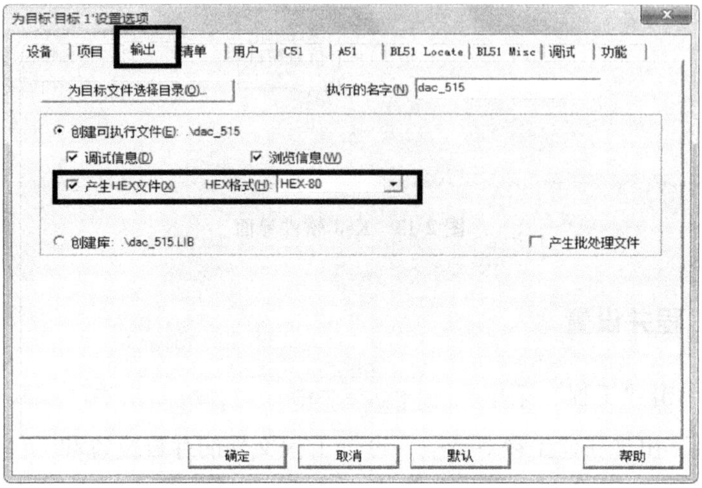

图 2-16　工程文件输出类型设置

三、新建 C 文件并添加到工程

在工具栏中单击“新建”按钮，在程序编辑窗口中编写程序。编写完程序后，单击“保存”按钮，指定程序的保存位置和文件名，扩展名为“. c”。将 C 文件添加到工程文件中，如图 2-17 所示。

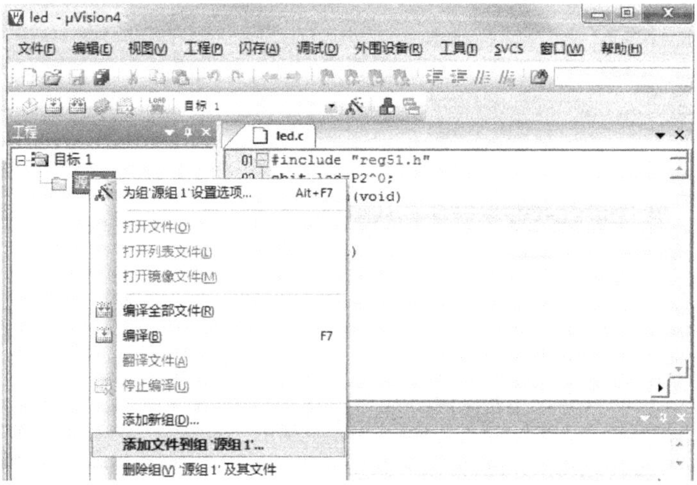

图 2-17　将 C 文件添加到工程文件中

四、编辑 C 文件

单击“编译”按钮，在编译输出窗口中显示编译结果，若有错误，则需要在程序编辑窗口中改正；若显示 0 个错误，则程序无误，可将程序加载到仿真软件中检验运行效果，如图 2-18 所示。

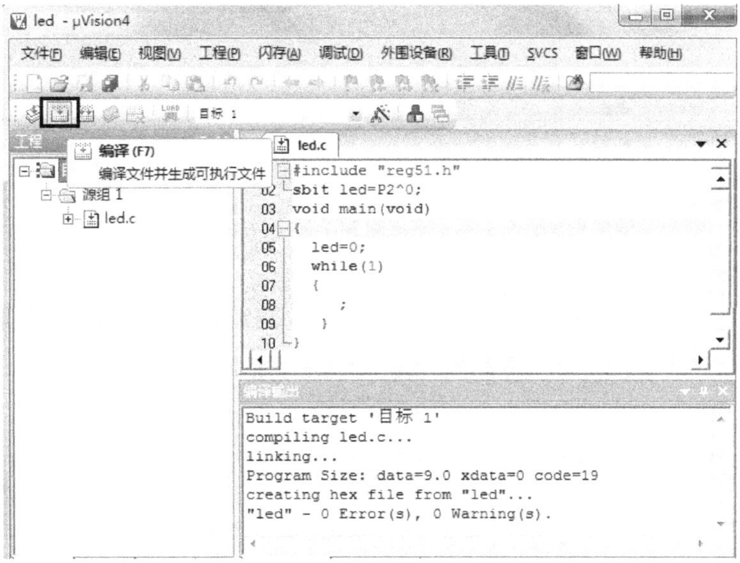

图 2-18 编译输出效果

五、Keil 与 Proteus 结合仿真

在安装 Keil 软件和 Proteus 仿真软件时，将其安装在 C:\Program Files 的目录里，把 C:\Program Files\Labcenter Electronics\Proteus 7 Professional \MODELS\VDM51. dll 文件复制到 C:\Program Files \keil C\C51\BIN 目录中。

用记事本打开 C:\Program Files \keil C\TOOLS. INI 文件，在［C51］下加入语句：

TDRV3=BIN\VDM51. DLL（“Proteus VSM Monitor-51 Driver”）

其中“TDRV3”中的“3”不要和原来的重复。

在 Keil 软件中，单击“目标选项”按钮，选择“调试”选择卡，在此选择卡中选中“Proteus VSM Simulator”，如图 2-19 所示。单击右侧的“设置”按钮，出现对话框设置通信接口，在 Host 中输入“127.0.0.1”，如图 2-20 所示。

此时回到 Proteus 软件中将工程文件加载到单片机芯片中，单击“运行”按钮，检验单片机最小系统点亮单个发光二极管的运行效果。

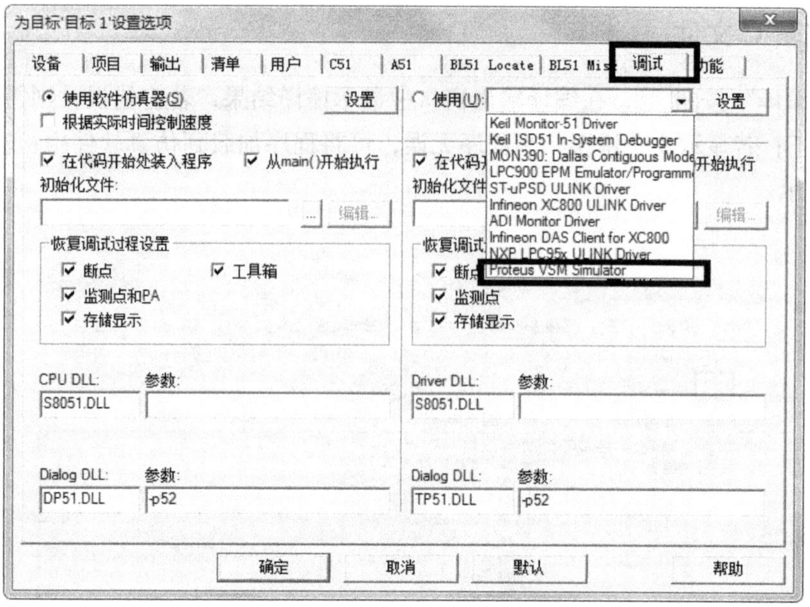

图 2-19 调试工具选择对话框

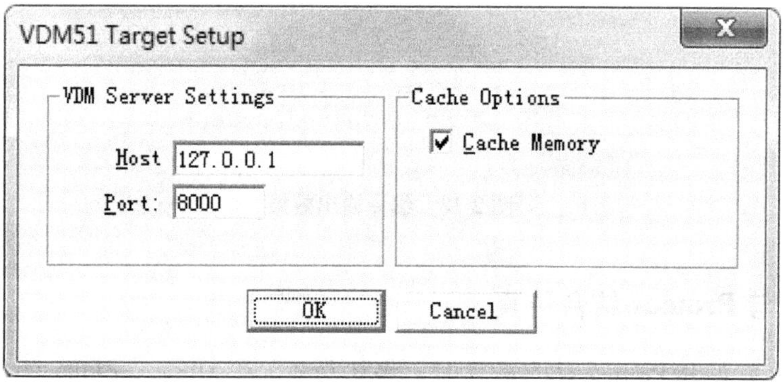

图 2-20 通信端口设置对话框

任务总结与评价

项目名称：		班级			
工作任务：		姓名		学号	
任务过程评价（100 分）					
序号	项目及技术要求	评分标准			得分
		优秀	良好	仍需努力	
1	在 Keil 软件中创建一个新工程文件，得 10 分				
2	在 Keil 软件中新建一个 C 程序文件，得 10 分				

（续）

序号	项目及技术要求	评分标准			得分
		优秀	良好	仍需努力	
3	在 Keil 软件中将新建的 C 程序文件添加到工程文件中，得 10 分				
4	正确编写简单的单片机最小系统控制发光二极管亮灭的程序，得 20 分				
5	编译时出现问题能协商解决，得 10 分				
6	Keil 软件 与 Proteus 软件联调成功，得 20 分				
7	在 Proteus 软件中进行仿真，按下“运行”按键，效果正常，得 10 分				
8	任务拓展，编写程序使发光二极管亮灭，得 10 分				
总评		总分：			
		教师签字：			年 月 日

任务拓展

小知识窗：

在编写完 C 程序进行编译时，经常会出现很多错误，这时可以在编译窗口中出现的错误提示上双击左键，则光标会出现在该错误所涉及的 C 程序语句上。这样就可以快速地找到错误源，并进行改正。

模块3

C51程序设计基础

学习指南

每种单片机都有自己独特的指令系统，而指令系统是由开发和生产厂商定义的，如果要使用其单片机，用户就必须理解和遵循这些指令标准，要掌握某种（类）单片机，就必须学习指令系统。

能力体系

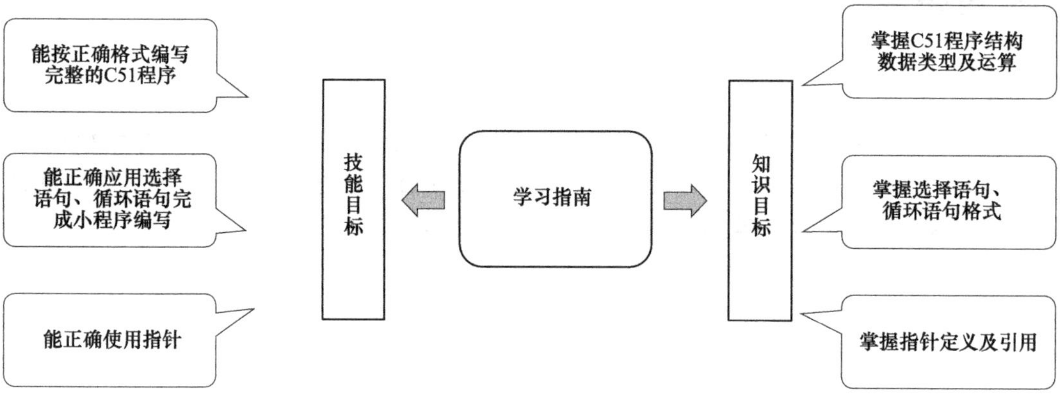

学习建议

可用资源 ⇒ PPT

学习方法 ⇒ 先从各条语句开始，掌握语句的功能及格式，正确书写各条语句，进而应用相应语句进行小程序的编制

任务 1　C51 程序结构及内部单元赋值操作

学习目标

知识目标：

（1）了解 C51 程序的基本结构。

（2）掌握 C51 语言的数据类型。

能力目标：

（1）能正确运用 C51 的数据类型。

（2）能正确地给 C51 变量赋值。

素养目标：

（1）在学习过程中能积极主动地获取知识。

（2）学习完成后能及时地进行反思与总结。

描述任务

通过给 P2.0 口赋值，使 P2.0 口一直保持低电平。

任务分析

知识点：

学习 C51 程序的基本结构、数据类型、常量类型及变量赋值。

技能点：

（1）能按照正确格式编写完整的 C51 程序。

（2）能正确地给变量赋值。

必备知识

一、C51 基本知识

1. C51 程序结构

C51 程序由一系列函数组成，包括主函数 main（）和功能函数。其中，主函数 main（）只有一个，功能函数可以有多个，功能函数既可以是库函数，也可以是用户编写的自定义函数。C51 程序的有些函数之间可以进行调用，如主函数 main（）可以调用功能函数，功能函数不能调用主函数 main（），各功能函数之间可以相互调用。

C51 程序的一般结构如下：

```
预处理命令                          //用于包含头文件等
全局变量说明                        //全局变量可被本程序的所有函数引用
函数1说明；
……
函数n说明；
/*主函数*/
main(){
    局部变量说明；                  //局部变量只能在所定义的函数内部引用
    执行语句；
    函数调用(形式参数表)；
}
/*其他函数定义*/
函数1(形式参数定义){
    局部变量说明；                  //局部变量只能在所定义的函数内部引用
    执行语句；
    函数调用(形式参数表)；
}
……
函数n(形式参数定义){
    局部变量说明；                  //局部变量只能在所定义的函数内部引用
    执行语句；
    函数调用(形式参数表)；
}
```

（1）预处理命令　用户编写的C51程序代码只能控制程序的执行流程，若需要对编译程序进行操作，就要用到预处理命令。预处理命令通常只进行一些符号的处理，并不执行具体的单片机硬件操作。预处理命令主要包括文件包含（include）、宏定义（define）和条件编译（ifndef）。预处理命令前要加“#”。其中，文件包含指令通常位于C51源程序的开头，主要用于将其他文件引入当前的C51源文件。文件包含指令的一般形式为：#include“reg51. h”或#include<reg51. h>。

（2）主函数main（）　主函数是函数的入口，不管main（）函数处于程序中什么位置，程序总是从main（）开始执行。主函数main（）前面的“void”表示“空”，即当主函数执行完后不返回任何值，在函数中“void”可以省略。主函数main后面的“（）”中没有任何参数，表示主函数和其他函数之间没有任何参数的传递，“（）”必须有，不能省略。

主函数main（）后面有一对大括号，主函数的程序写在大括号里面。

（3）语句　语句是函数的主体部分，主要有说明语句、复合语句、表达式语句、空语句、条件语句、循环语句等。语句的书写格式比较自由，一条语句可以书写在多行，一行内也可以书写多条语句，但每条语句必须以“;”结束。

（4）注释　为了便于程序的阅读和理解，通常在程序中加入注释。程序语句的注释必须放在双斜杠“//”之后，或者放在/ * …… * /之内。

2. 标识符与关键字

标识符用来表示源程序中某个对象的名字，如函数、变量、常量等。标识符一般由字母、数字和下划线组成，其中第一个字符必须是字母或下划线，且字母区分大小写。

用户自定义的标识符不能与系统内的关键字重复。关键字是 C51 编译器内保留的特殊标识符，每个关键字都有其特定的含义和用法。例如，int 表示数据类型为有符号整型，char 表示有符号字符类型。

二、C51 内部单元赋值操作

1. 基本数据类型

C51 的基本数据类型有 char（字符型）、int（整型）、long（长整型）、float（浮点型）和 bit（位类型）。

（1）字符型　字符型用于定义处理字符数据的变量和常量，分为无符号字符类型 unsigned char 和有符号字符类型 char。字符型数据的长度为 1 个字节。

有符号字符类型 char 的字节最高位为数据的符号，其中最高位为“0”表示数据为正数，最高位为“1”表示数据为负数，负数用补码表示。char 的数值范围为-127～+128。

无符号字符类型 unsigned char 一个字节中的所有位都表示数值，其数值范围为0～255。

（2）整型　整型用于存放双字节数据，其数据长度为 2 个字节。整型分为有符号整型 int 和无符号整型 unsigned int 两类。

有符号整型 int 的最高位为数据的符号位，其中最高位为“0”表示数据为正数，最高位为“1”表示数据为负数，其数值范围为-32768～+32767。

无符号整型 unsigned int 的所有位都是数值位，其数值范围为 0～65535。

（3）长整型　长整型用于存放 4 字节数据，其数据长度为 4 个字节。长整型分为有符号长整型 long 和无符号长整型 unsigned long。

有符号长整型 long 的最高位为数据的符号位，其中最高位为“0”表示数据为正数，最高位为“1”表示数据为负数，其数值范围为-2147483648～+2147483647。

无符号长整型 unsigned long 的所有位都是数值位，其数值范围为 0～4294967295。

（4）浮点型　浮点型 float 数据的长度为 4 个字节，float 表示十进制数的有效数据位数为 6～7 位。

（5）位类型　位类型 bit 是 C51 编译器的一种扩充数据类型，利用它可定义一个位变量，但不能定义位指针，也不能定义位数组。位类型 bit 的值是一个二进制位，它在内存中只占一个二进制位，其数值是 0 或者 1。在 C51 中，支持两种位类型：bit 型和 sbit 型。

2. 常量

在程序运行过程中，数值不能改变的量称为常量。常量的类型主要有整型常量、浮点型常量、字符型常量和字符串型常量。

（1）整型常量　整型常量的表示形式主要有以下几种：

十进制整数：如 12、−26、0 等。

十六进制整数：以 0x 或 0X 开头，数码取值为 0~9、A~F、a~f，如 0x5b。

八进制数：以 0 开头，其数码取值范围为 0~8，如 023。

长整型：整数的值若达到长整型范围，则按长整型存放。如果在一个整数后面带字母 L，则这个数也按长整型存放，如 365L 在存储器中按长整型存放，占 4 个字节。

（2）浮点型常量　浮点型常量的表示形式有十进制和指数两种。其中，十进制形式由数字和小数点组成，且数字中必须包含小数点，如 0. 156、56. 23、−12. 24。

指数表示形式的位：[±] 数字 [. 数字] e [±] 数字。其中，[ ] 中的内容为可选项。阶码可以是小写字母 e，也可以是大写字母 E，如 2E3、−6e5、−4. 0e3 等都是指数形式浮点型常量。

（3）字符型常量　字符型常量是由单引号引起来的字符组成的，如‘c’‘D’和‘2’。

（4）字符串型常量　字符串型常量是由双引号“ ”引起来的字符组成的。与字符串常量类似，如“F”和“delay”。

3. 变量

在程序运行过程中，数值可以改变的量称为变量。在使用变量前要先进行定义，指出变量的数据类型和存储模式。变量的定义格式如下：

[存储种类] 数据类型说明符 [存储器类型] 变量名 1 [= 初值]，变量名 2 [= 初值]，…；

变量的存储种类有 4 种：自动（auto）、外部（extern）、静态（static）和寄存器（register）。若变量定义时省略了存储种类，则默认该变量为自动变量。在定义变量时，必须通过数据类型说明符指明变量的数据类型。在一个数据类型说明符后，可以同时定义多个相同类型的变量，各变量名之间用逗号隔开，最后一个变量名要以分号“；”结尾。

变量定义举例如下：

```
unsigned char i,j,k ;              //定义三个变量 i,j,k 为无符号字符型变量
int i,sum ;                        //定义 i,sum 为整型变量
float a=3. 4;                      //定义 a 为浮点型变量,并给 a 赋初值为 3. 4
```

任务实施

编写程序文件。

```
#include <reg51. h>
void main ( )
{
  P2^0=0;                 //将 P2. 0 端口设置为低电平
  While(1);
}
```

任务总结与评价

项目名称：		班级			
工作任务：		姓名		学号	
任务过程评价（100 分）					
序号	项目及技术要求	评分标准			得分
		优秀	良好	仍需努力	
1	能正确描述 C51 程序的结构，得 20 分				
2	能正确应用 C51 的各种数据类型，得 20 分				
3	能正确使用各类常量，得 20 分				
4	能正确定义各类变量，得 20 分				
5	能正确编写任务源程序，得 20 分				
总评		总分：			
		教师签字：			年 月 日

任务拓展

小知识窗：

因各个厂商生产的单片机内部硬件结构有所不同，而不同的单片机有不同的头文件，一般程序使用时要首先调用单片机的头文件，如 AT89C51、AT89851 对应的头文件为 AT89X51. h。若程序中使用了 # include “AT89X51. h”，就不能再使用语句 # include “rog51. h”了，否则会出现重复定义的错误。

任务 2 C51 运算的应用

学习目标

知识目标：

（1）了解 C51 的各类运算符及各运算符的意义。

（2）掌握 C51 表达式及表达式语句。

能力目标：

（1）能正确地使用各运算符。

（2）能正确地书写表达式语句。

素养目标：

（1）在学习过程中能积极主动地获取知识。

（2）学习完成后能及时进行反思与总结。

描述任务

利用 C51 的算术运算符，计算下图所示梯形的面积（已知梯形的上底长为 a，下底长为 b，高是 h）。

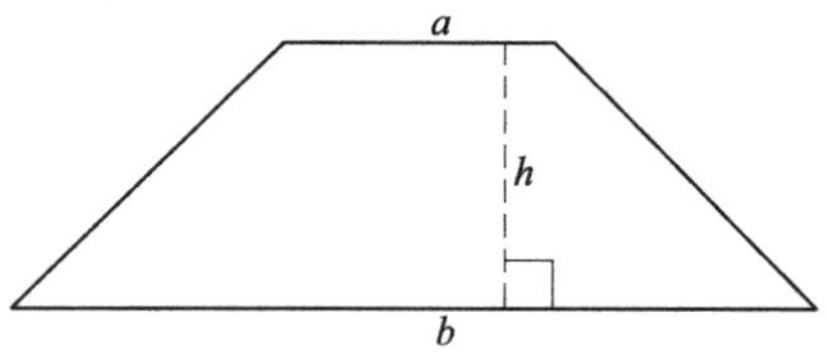

任务分析

知识点：

学习 C51 中各类运算符的符号及意义，学习语句和语句表达式的正确书写格式。

技能点：

（1）能正确地运用各类运算符。

（2）能正确地书写语句和语句表达式。

必备知识

一、运算符

运算符就是完成某种特定运算的符号，C51 对数据有很强的表达能力，具有十分丰富的运算符。C51 中常见的运算符主要有以下几类：算术运算符、关系运算符、逻辑运算符、位操作运算符和赋值运算符。

1. 算术运算符

算术运算符主要用于各类数值运算，包括加（+）、减（-）、乘（*）、除（/）、取余（%）、自增（++）和自减（--）。算术运算符的运算规则见表 3-1。

算术运算中加法、减法和乘法都符合一般的算术运算规则，但除法和取余有所不同。如果两个整数相除，其结果为整数，舍去小数部分；如果是两个浮点数相除，其结果为浮点数。取余运算要求两个运算对象均为整型数据。

表 3-1 算术运算符的运算规则

运算符	意义	示例	运算结果（设 x=3，y=2）
+	加法运算	z=x+y	z=5，x=3，y=2
-	减法运算	z=x-y	z=1，x=3，y=2
*	乘法运算	z=x * y	z=6，x=3，y=2
/	除法运算	z=x/y	z=1，x=3，y=2
%	取余运算	z=x%y	z=1，x=3，y=2

（续）

运算符	意义	示例	运算结果（设 x=3，y=2）
x++	先使用 x 的值，再让 x 加 1	y=x++	y=3，x=4
++x	先让 x 加 1，再使用 x 的值	y=++x	y=4，x=4
x--	先使用 x 的值，再让 x 减 1	y=x--	y=3，x=2
--x	先让 x 减 1，再使用 x 的值	y=--x	y=2，x=2

2. 关系运算符

关系运算符主要用于比较运算，包括大于（>）、小于（<）、等于（= =）、大于或等于（> =）、小于或等于（< =）和不等于（! =）6 种运算符。关系运算符通常用来判断某个条件是否满足，其运算结果只有“0”和“1”两种，即当所指定的条件满足时，结果为“1”；条件不满足时，结果为“0”。关系运算符的运算规则见表 3-2。

表 3-2　关系运算符的运算规则

运算符	意义	示例	运算结果（设 a=3，b=2）
>	大于	a>b	返回值 1（真）
<	小于	a<b	返回值 0（假）
= =	等于	a= =b	返回值 0（假）
> =	大于或等于	a> =b	返回值 1（真）
< =	小于或等于	a< =b	返回值 0（假）
! =	不等于	a! =b	返回值 1（真）

3. 逻辑运算符

逻辑运算符主要用于逻辑运算，包括逻辑与（&&）逻辑或（‖）和逻辑非（!）3 种运算符。逻辑运算符像关系运算符一样，也是用来判断某个条件是否满足的，其运算结果也只有“0”和“1”两种，即当所指定的条件满足时，结果为“1”；条件不满足时，结果为“0”。逻辑运算符的运算规则见表 3-3。

表 3-3　逻辑运算符的运算规则

运算符	意义	示例	运算结果（设 a=3，b=2）
&&	逻辑与	a&&b	返回值 1（真）
‖	逻辑或	a ‖ b	返回值 1（真）
!	逻辑非	a! b	返回值 0（假）

4. 位操作运算符

位运算是指按位对变量进行运算，运算后参与运算的变量的值不会发生改变。位运算只能对整数进行操作，不能对浮点数进行操作。位运算符主要包括按位与（&）、按位或（|）、按位取反（~）、按位异或（^）、左移（<<）、右移（>>）6 种。位操作运算符的运

算规则见表 3-4。

表 3-4 位操作运算符的运算规则

<table>
<tr><th>运算符</th><th>意义</th><th>示例</th><th>运算结果（设 a=3，b=2）</th></tr>
<tr><td>&</td><td>按位与</td><td>c=a&b</td><td>a 00000011
&b 00000010
c 00000010</td></tr>
<tr><td>|</td><td>按位或</td><td>c=a | b</td><td>a 00000011
| b 00000010
c 00000001</td></tr>
<tr><td>~</td><td>按位取反</td><td>c=~a</td><td>c=~（00000011）=11111100</td></tr>
<tr><td>^</td><td>按位异或</td><td>c=a^b</td><td>a 00000011
^b 00000010
c 00000001</td></tr>
<tr><td><<</td><td>左移（各位同时左移若干位，由<<右边的数指定移动的位数，高位丢弃，低位补 0）</td><td>c=a<<2</td><td>a 00000011
左移 2 位
c 00001100</td></tr>
<tr><td>>></td><td>右移（各位同时左移若干位，由>>右边的数指定移动的位数，低位丢弃，高位补 0）</td><td>c=a>>2</td><td>a 00000011
右移 2 位
c 00000000</td></tr>
</table>

5. 赋值运算符

赋值运算符主要用于赋值运算，可分为简单赋值（=）、复合算术赋值［+=（加法赋值）、-=（减法赋值）、*=（乘法赋值）、/=（除法赋值）、%=（取模赋值）］和复合位运算赋值［&=（逻辑与赋值）、|=（逻辑或赋值）、^=（逻辑异或赋值）、<<=（左移位赋值）、>>=（右移位赋值）、~=（按位取反赋值）］三类 11 种运算符。位操作运算符的运算规则见表 3-5。

表 3-5 复合运算符的运算规则

<table>
<tr><th>运算符</th><th>意义</th><th>示例</th></tr>
<tr><td>+=</td><td>左边的变量或数组加上右边表达式的值</td><td>b+=a 相当于 b=b+a</td></tr>
<tr><td>-=</td><td>左边的变量或数组减去右边表达式的值</td><td>b-=a 相当于 b=b-a</td></tr>
<tr><td>*=</td><td>左边的变量或数组乘以右边表达式的值</td><td>b*=a 相当于 b=b*a</td></tr>
<tr><td>/=</td><td>左边的变量或数组除以右边表达式的值</td><td>b/=a 相当于 b=b/a</td></tr>
<tr><td>%=</td><td>左边的变量或数组模右边表达式的值</td><td>b%=a 相当于 b=b%a</td></tr>
<tr><td>&=</td><td>按位与操作，再赋值</td><td>b&=a 相当于 b=b&a</td></tr>
<tr><td>|=</td><td>按位或操作，再赋值</td><td>b|=a 相当于 b=b|a</td></tr>
</table>

（续）

运算符	意义	示例
^=	按位异或操作，再赋值	b^=a 相当于 b=b^a
<<=	左移操作，再赋值	b<<=a 相当于 b=b<<a
>>=	右移操作，再赋值	b>>=a 相当于 b=b>>a
~ =	按位取反操作，再赋值	b~ =a 相当于 b=b~a

二、表达式和表达式语句

1. 表达式

表达式是由常量、变量、函数和运算符组合起来的式子，单个的常量、变量和函数也可以看成是表达式的特例。一个表达式有一个值及其类型，它们等于计算表达式所得结果的值和类型。

例如：

```
i++
sum=sum+i
```

2. 表达式语句

在表达式的后边加一个分号“;”就构成了表达式语句。由一个分号“;”占一行也可以构成一个表达式语句，这种语句称为空语句。一行可以放一个表达式构成表达式语句，也可以放多个表达式构成表达式语句，每个表达式语句后边必须加分号“;”。

例如：

```
i++;
sum=sum+i ;
```

任务实施

编写程序文件。

```
#include <reg51. h>
void main( )
{
  float a,b,h,s;                    //定义浮点型变量
  //设置初值
  a=2. 0;
  b=3. 0;
  h = 2;
  s=((a+b) * h)/2;                  //计算梯形面积
}
```

任务总结与评价

项目名称：					班级		
工作任务：		姓名				学号	
任务过程评价（100 分）							
序号	项目及技术要求	评分标准			得分		
		优秀	良好	仍需努力			
1	能正确使用算术运算符，得 10 分						
2	能正确使用关系运算符，得 10 分						
3	能正确使用逻辑运算符，得 10 分						
4	能正确使用位操作运算符，得 10 分						
5	能正确使用赋值运算符，得 10 分						
6	能正确书写表达式和表达式语句，得 10 分						
7	能正确编写任务程序文件，得 40 分						
总评		总分：					
		教师签字：			年　月　日		

任务拓展

小知识窗：

逻辑与是判断“&”两侧的表达式是否都为真，若都为真则此逻辑与表达式的值为真；按位与是将“&”两侧的数用二进制展开，每一位都进行与运算（有 0 出 0，全 1 出 1），最后得到的二进制数即为结果。逻辑与结果只讲真和假，而按位与得出的仍然是一个二进制数。

任务 3　选择语句的应用

学习目标

知识目标：

（1）了解条件语句、开关语句的功能。

（2）掌握条件语句、开关语句的格式。

能力目标：

（1）能正确地应用条件语句完成小程序的编制。

（2）能正确地应用开关语句完成小程序的编制。

素养目标：

（1）在学习过程中能积极主动地获取知识。

（2）学习完成后能及时地进行反思与总结。

描述任务

某夏令营根据学员年龄的大小将学员分为 4 组：6 岁的为第 1 组，7 岁的为第 2 组，8 岁的为第 3 组，8 岁以上的为第 4 组。本任务是利用选择语句来完成对夏令营学员的分组。

任务分析

知识点：

学习选择语句，熟悉 if 语句和 switch 语句的功能、格式及流程图。

技能点：

（1）能正确应用 if 语句和 switch 语句。

（2）能应用 if 语句和 switch 语句完成夏令营学员分组程序的编写。

必备知识

一、条件语句

1. 基本条件语句 if

```
if(表达式)
{
  语句组;
}
```

若条件表达式的结果为真（非 0 值），则执行 { } 中的语句；反之，若条件表达式的结果为假（0 值），则不执行 { } 中的语句。if 语句的流程图如图 3-1 所示。

例如：

```
    if(i>0)
{
    i--;
}
```

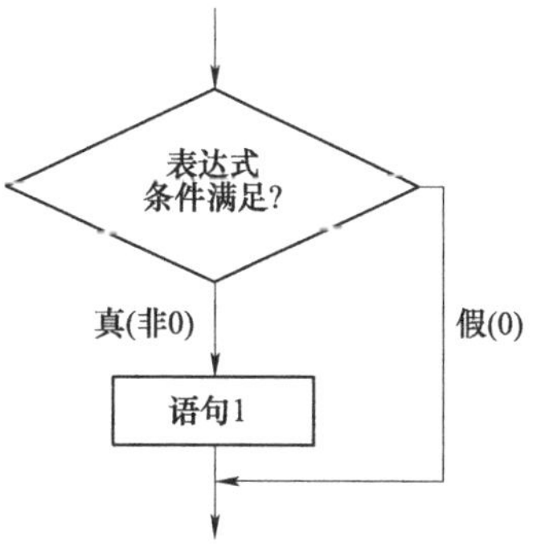

图 3-1　if 语句的流程图

2. if…else 语句

基本条件语句 if 只处理“条件表达式为真”的情况，如果还要处理条件表达式为假的情况，那么就需要使用 if…else 语句。

if…else 语句格式如下：

```
if(表达式 1)
{
  语句组 1;
}
else
{
  语句组 2;
}
```

若条件表达式的结果为真（非 0 值），则执行语句 1；反之，若条件表达式的结果为假（0 值），则执行语句 2。if…else 语句的流程图如图 3-2 所示。

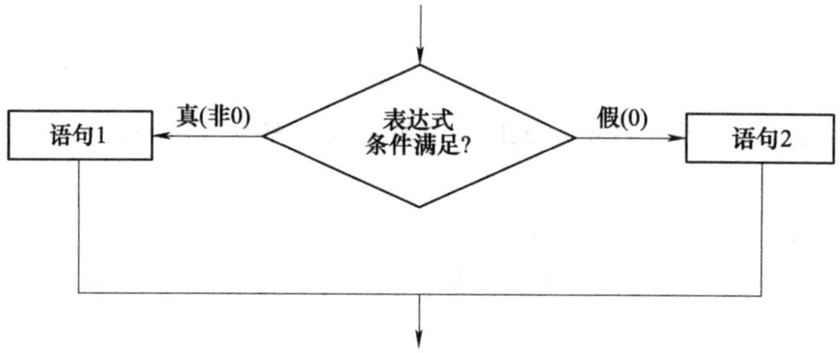

图 3-2　if…else 语句的流程图

3. if…else if 语句

if…else 语句只能判断一个条件，如果有两个或多个条件需要判断时就不能满足要求了，此时可使用 if…else if 语句。

if…else if 语句格式如下：

```
if (条件表达式 1)
  {
  语句组 1;
  }
  else if (条件表达式 2)
  {
    语句组 2;
  }
  else if (条件表达式 2)
  {
    语句组 3;
  }
  …
  else
  {
  语句组 n;
  }
```

逐个判断表达式的值，如果某一个表达式为真，就执行相应的语句，然后跳出到整个 if 语句之外。如果所有的表达式都为假，则执行语句 n，然后继续执行后面的程序。if…else if 语句的流程图如图 3-3 所示。

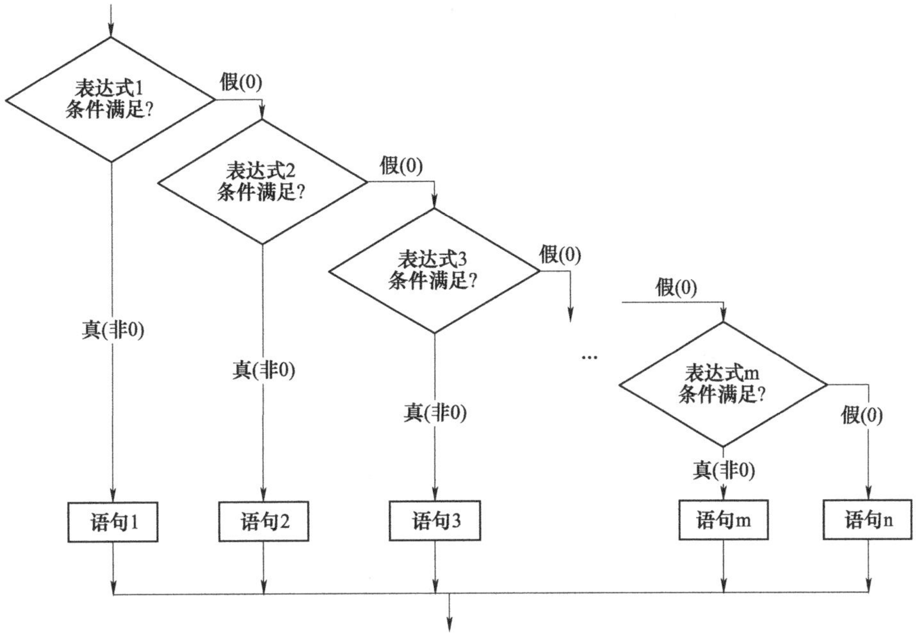

图 3-3　if…else if 语句的流程图

二、开关语句 switch

“开关语句”也是一种能够实现“多方向条件分支”的语句。虽然条件语句也可以实现多方向条件分支，但是当分支较多时会使条件语句的嵌套层次过多，程序冗长，降低可读性。开关语句能直接处理多分支选择，使程序结构清晰，使用方便。

switch 语句格式如下：

```
switch（表达式）
{
    case 常量表达式 1:语句 1;           //如果常量表达式 1 满足,则执行语句 1
    break;                             //执行完语句 1 后,使用 break 跳出 switch 结构
    case 常量表达式 2:语句 2;           //如果常量表达式 2 满足,则执行语句 2
    break;                             //执行完语句 2 后,使用 break 跳出 switch 结构
  ……
  case 常量表达式 n:语句 n;             //如果常量表达式 n 满足,则执行语句 n
  break;                               //执行完语句 n 后,使用 break 跳出 switch 结构
   default:语句 n+1;                   //若以上条件都不满足,则执行语句 n+1
  }
```

在执行 switch 语句时，首先将 switch 后面表达式的值与 case 后面各个常量表达式的值逐个进行比较，若匹配，就执行相应 case 后面的语句，然后执行 break 语句，使程序跳出 switch 语句。若不匹配，则继续比较下一个 case 语句后的值。如果 switch 后面表达式的值与所有 case 后面常量表达式的值都不相等，则执行 default 后面的 $n+1$。case 后常量表达式的值必须为整型或字符型。switch 语句的流程图如图 3-4 所示。

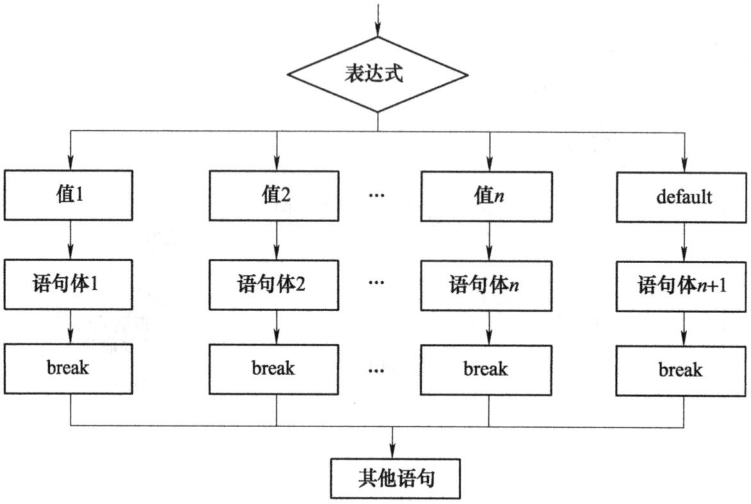

图 3-4　switch 语句的流程图

任务实施

编写程序文件：

1. 通过 if 语句来实现夏令营成员的分组

```
#include <reg51. h>
unsigned int age,group;                    //定义 age、group 为无符号整型

void main( )
{
    if( age=6)                             //判断年龄是否等于 6
    {
      group=1;                             //如果年龄等于 6,则分到 1 组
    }
    else if (age=7)                        //判断年龄是否等于 7
    {
      group=2;                             //如果年龄等于 7,则分到 2 组
    }
    else if (age=8)                        //判断年龄是否等于 8
    {
```

```
        group=3;                         //如果年龄等于 8,则分到 3 组
      }
      else                               //判断以上条件是否都不满足
        group=4;                         //如果以上条件都不满足,则分到 4 组
      }
}
```

2. 通过 switch 语句实现对夏令营成员的分组

```
#include <reg51.h>
unsigned int age,group ;
void main()
{
      age  =  6;
      switch(age)
      {
        case6:P1=1;break;
        case7:P1=2;break;
        case8:P1=3;break;
        default:P1=4;
      }


}
```

任务总结与评价

项目名称：		班级				
工作任务：		姓名			学号	
任务过程评价（100 分）						
序号	项目及技术要求	评分标准			得分	
		优秀	良好	仍需努力		
1	正确描述 if、switch 语句的功能，得 10 分					
2	正确书写 if、switch 语句的格式，得 10 分					
3	正确绘制 if、switch 语句流程图，得 10 分					
4	用 if 语句完成任务源程序的编写，得 35 分					
5	用 switch 语句完成任务源程序的编写，得 35 分					
总评		总分：				
		教师签字：			年 月 日	

任务拓展

小知识窗：

if 语句和 switch 语名两者的区别是，if 语句更适合于对区间（范围）的判断，而 switch 语句更适合于对离散值的判断。所有的 switch 语句都可以用 if 语句来替换（因为 if 语句只需对每个离散值分别做判断即可）；但并不是所有的 if 语句都可以用 switch 语句来替换（因为区间里值的个数是无限的并且 switch 所接受的值只能是整型或枚举型，所以不能用 case 来一一列举）。

任务 4 循环语句的应用

学习目标

知识目标：

（1）了解 while 语句和 for 语句的功能。

（2）掌握 while 语句和 for 语句的格式。

能力目标：

（1）能正确地应用条件语句完成小程序的编制。

（2）能正确地应用开关语句完成小程序的编制。

素养目标：

（1）在学习的过程中能积极主动地获取知识。

（2）学习完成后能及时地进行反思与总结。

描述任务

本任务是应用单片机循环语句来完成 1~100 和的计算。

任务分析

知识点：

学习循环语句，熟悉 while 语句和 for 语句的功能、格式及流程图。

技能点：

（1）能按照循环语句的格式正确书写 while 语句和 for 语句。

（2）能正确绘制 while 语句和 for 语句的流程图。

必备知识

一、while 循环语句

while 循环语句的格式如下：

```
while(条件表达式)
{
  语句组;
}
```

while 循环结构是先检查条件表达式所给出的条件，当条件表达式的结果为真（非 0 值）时，程序就重复执行后面的语句，一直执行到条件表达式的结果变为假（0 值）为止。如果条件表达式的结果一开始就为假，则后面的语句一次也不会被执行。

“{”和“}”及中间的语句组被统称为“循环体”。当循环体仅有一条语句时，可省略“{”和“}”。当循环体没有语句时，可以直接用分号“;”代替。

例如：

```
while(1)
```

若条件表达式的值为 1，则该循环会反复执行下去，进入死循环。

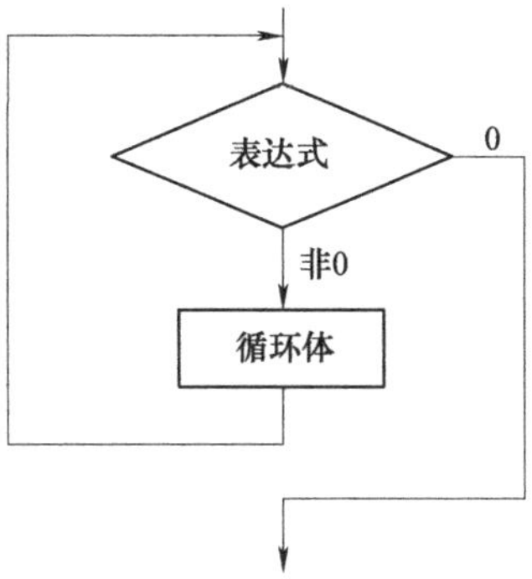

图 3-5　while 循环语句的流程图

while 循环语句的流程图如图 3-5 所示。

二、do…while 循环语句

do…while 循环语句的格式如下：

```
do
{
    语句组;
}
while(条件表达式);
```

do…while 循环结构是先执行给定的循环语句，然后再检查条件表达式的结果，当条件表达式的值为真（非 0 值）时，则重复执行循环体语句，直到条件表达式的值变为假（0 值）为止。do…while 循环结构中任何条件下循环体语句至少会被执行一次。

在 do…while 循环结构语句中，do 和 while 必须联合使用，且 while（条件表达式）后面的分号“;”不能省略，它表示整个循环体的结束。

do…while 循环语句的流程图如图 3-6 所示。

三、for 循环语句

for 循环语句的格式如下：

```
for(表达式 1;表达式 2;表达式 3)
{
    语句组;
}
```

在上述循环语句中，表达式 1 常用于给循环变量赋初值，只在进入循环时执行一次；表达式 2 为条件表达式，常用于对循环变量进行判断，当表达式 2 的值为真时执行循环体，表达式 2 的值为假时结束循环，表达式 2 在每次循环之前都会执行一次；表达式 3 为循环变量更新表达式，用于对循环变量的值进行更新，使循环变量能在不满足条件时退出循环。

当 for 循环语句执行时，先计算初值表达式的值作为循环控制变量的初值，再检查循环条件表达式的结果，当满足条件时就执行循环体语句并计算更新表达式，然后再根据更新表达式的计算结果来判断循环条件是否满足，一直进行到循环条件表达式的结果为假（0 值）时退出循环体。for 循环语句的流程图如图 3-7 所示。

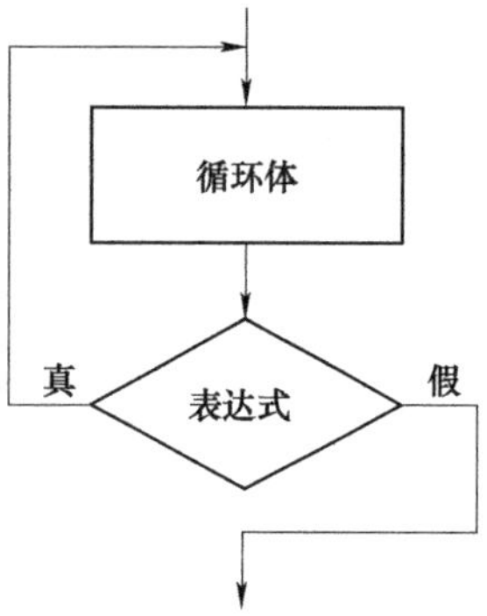

图 3-6　do…while 循环语句的流程图

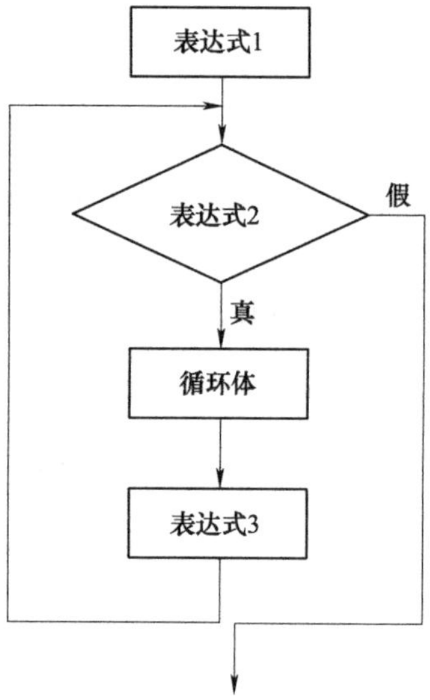

图 3-7　for 循环语句的流程图

任务实施

编写程序文件。

1. 通过 while 语句实现 1~100 和的计算

(1) 应用 while 语句实现 1~100 和的计算

```
#include <reg51.h>
int  i,sum;
void main()
{
    i=1;
    sum=0;
    while(i<=100)
    {
        sum=sum+i;
        i++;
    }
}
```

（2）应用 do…while 语句实现 1~100 和的计算

```
#include <reg51.h>
int  i,sum;

void main()
{
    i=1;
    sum=0;
    do
    {
        sum=sum+i;
        i++;
    }
    while(i<=100);
}
```

2. 应用 for 循环语句实现 1~100 和的计算

```
#include <reg51.h>
int  i,sum;
void main()
{
    sum=0;
    for(i=1;i<=100;i++)
    {
        sum=sum+i;
    }
}
```

任务总结与评价

<table>
<tr><td colspan="2">项目名称：</td><td>班级</td><td colspan="3"></td></tr>
<tr><td colspan="2">工作任务：</td><td>姓名</td><td colspan="2"></td><td>学号</td></tr>
<tr><td colspan="6">任务过程评价（100分）</td></tr>
<tr><td rowspan="2">序号</td><td rowspan="2">项目及技术要求</td><td colspan="3">评分标准</td><td rowspan="2">得分</td></tr>
<tr><td>优秀</td><td>良好</td><td>仍需努力</td></tr>
<tr><td>1</td><td>正确描述 while、for 语句的功能，得 10 分</td><td></td><td></td><td></td><td></td></tr>
<tr><td>2</td><td>正确书写 while、for 语句的格式，得 10 分</td><td></td><td></td><td></td><td></td></tr>
<tr><td>3</td><td>正确绘制 while、for 语句的流程图，得 10 分</td><td></td><td></td><td></td><td></td></tr>
<tr><td>4</td><td>用 while 语句完成任务源程序的编写，得 35 分</td><td></td><td></td><td></td><td></td></tr>
<tr><td>5</td><td>用 for 语句完成任务源程序的编写，得 35 分</td><td></td><td></td><td></td><td></td></tr>
<tr><td rowspan="2">总评</td><td rowspan="2"></td><td colspan="3">总分：</td><td></td></tr>
<tr><td colspan="3">教师签字：</td><td>年　月　日</td></tr>
</table>

任务拓展

小知识窗：

do…while 循环语句的 while 循环语句的不同在于：do…while 先执行循环体一体，再判断表达式的值，若为真，则继续执行循环体，否则退出循环。即在 do…while 语句中循环体无论在任何条件下都会至少被执行一次。而 while 循环语句是先判断条件是否成立再执行循环体，若条件不成立，则循环体一次也不被执行。

任务5 指针的定义及引用

学习目标

技能目标：

（1）了解数组、指针的定义。

（2）掌握数组、指针的引用。

知识目标：

（1）能正确地给一位数组初始化。

（2）能正确地引用数组和指针。

素养目标：

（1）在学习过程中能积极主动地获取知识。

（2）学习完成后能及时地进行反思与总结。

描述任务

通过定义数组和指针，使 P1 的前 5 个端口 P1.0~P1.4 依次呈现高电平。

任务分析

知识点：

学习数组和指针定义的正确格式，学习数组和指针的正确引用。

技能点：

（1）能正确地定义和引用数组。

（2）能正确地定义和引用指针。

必备知识

一、数组的定义与引用

1. 一维数组的定义

当数组中每个元素只带有一个下标时，此数组称为一维数组。

一维数组的定义方式为

类型说明符　数组名 [常量表达式]；

例如：int　a [5]

1）int 表示该数组元素的数据类型为整型。对于同一个数组，其所有元素的数据类型都是相同的。

2）a 为该数组的数组名，数组名为用户定义的数组标识符，其书写规则应符合标识符的书写规定。

3）方括号中的 5 表示该数组有 5 个元素。由于数组元素的下标从 0 开始，因此该数组的 5 个元素分别为 a [0]、a [1]、a [2]、a [3] 和 a [4]。

2. 一维数组元素的引用

一维数组元素的一般形式为

数组名 [下标]

其中，下标表示元素在数组中的顺序号，且下标只能为整型常量或整型表达式。

例如：a [0]、a [i+j]、a [i++]。

在引用数组时，只能逐个引用数组中的各个元素，而不能一次引用整个数组。但如果是字符型数组，则可以一次引用整个数组。

3. 一维数组的初始化

给数组元素赋值时，可用赋值语句对数组元素逐个赋值，也可在定义数组时给整个数组元素赋值。

一维数组赋值的一般形式为

类型说明符　　数组名［常量表达式］= {值，值，值，…，值}；

给一维数组赋值的方法：

（1）给数组全部元素赋值　例如：

int a［6］= {0，2，4，6，8，10}；

若给全部数组元素赋值，则在数组说明中，可以不给出数组元素的个数。上例还可写为

int a［ ］= {0，2，4，6，8，10}；

若数组元素中所有值都相等，则只能给数组元素逐个赋值，不能给数组整体赋值。例如，若 int a［6］中所有元素的值都为 1，则该数组只能写为

int a［6］= {1，1，1，1，1，1}；

而不能写为

int a［6］= {1}；

（2）给数组部分元素赋值　当 { } 中值的个数少于元素的个数时，只给前面元素赋值，后面元素自动赋 0 值。

例如：int a［6］= {0，2，4}；

其中，只给 a［0］、a［1］、a［2］三个元素赋值，其余元素自动赋 0 值。

4. 字符数组

用来存放字符型数据的数组称为字符数组。

字符数组赋值的方法：

（1）以字符的形式对数组中的元素逐个赋值　例如：

char　a［5］= {‘A’，‘B’，‘C’，‘D’，‘E’}；

（2）以字符串的形式对全体字符数组元素进行整体赋值　例如：

char str［ ］= {“Good !”}；

二、指针

指针是指变量或数据所在的存储区地址。C51 中用两种指针类型，即一般指针和基于存储器的指针。其中，一般指针需要占用 3 个字节，基于存储器的指针只需要占用 1~2 个字节。在 C 语言中提供了两个专门用于指针和地址的运算符，见表 3-6。

表 3-6　指针和地址的运算符

运算符	意义	运算符	意义
*	取内容	&	取地址

指针的定义格式如下：

类型说明符 * 指针变量名

例如：

```
unsigned int  * number        //定义 int 型指针，变量名为 number
```

在使用指针前需要进行初始化，在使用指针变量取地址时，可以使用运算符“&”。例如：

```
unsigned int a                        //定义无符号整型变量 a
unsigned int * number                 //定义无符号整型指针变量 number
number=&a                             //指针指向 a 的地址
```

任务实施

编写程序文件。

```
#include<reg51.h>
charbuf[5]={0x01,0x02,0x04,0x08,0x10};          //定义 char 型数组,并保存数据
void main()
{
    char *p =buf;                               //指针指向数组
    char i=0;
    for(i=0;i<5;i++)
    {
        P1 = *(p+i);                            //依次将数组中的值传递给 P1 口
    }
    while(1);
}
```

任务总结与评价

<table>
<tr><td colspan="2">项目名称：</td><td>班级</td><td colspan="4"></td></tr>
<tr><td colspan="2">工作任务：</td><td>姓名</td><td colspan="2"></td><td>学号</td><td></td></tr>
<tr><td colspan="7">任务过程评价（100 分）</td></tr>
<tr><td rowspan="2">序号</td><td rowspan="2">项目及技术要求</td><td colspan="3">评分标准</td><td colspan="2" rowspan="2">得分</td></tr>
<tr><td>优秀</td><td>良好</td><td>仍需努力</td></tr>
<tr><td>1</td><td>能正确地定义一维数组，得 20 分</td><td></td><td></td><td></td><td colspan="2"></td></tr>
<tr><td>2</td><td>能正确地引用一维数组，得 20 分</td><td></td><td></td><td></td><td colspan="2"></td></tr>
<tr><td>3</td><td>能正确地定义指针，得 20 分</td><td></td><td></td><td></td><td colspan="2"></td></tr>
<tr><td>4</td><td>能正确地编写任务源程序，得 40 分</td><td></td><td></td><td></td><td colspan="2"></td></tr>
<tr><td rowspan="2">总评</td><td rowspan="2"></td><td colspan="3">总分：</td><td colspan="2"></td></tr>
<tr><td colspan="3">教师签字：</td><td colspan="2">年　月　日</td></tr>
</table>

任务拓展

小知识窗：

在C语言中指针是一个很重要的概念，通过指针可以有效操作数据，因为无论程序的指令、常量、变量或特殊寄存器都要存放在内存单元或相应的存储区中，这些存储区是按字节来划分的，每一个存储单元都有一个唯一的编号去读或写数据，这个编号就是存储单元的地址，而读写这个编号的动作就叫作寻址，通过寻址就可以访问到存储区中的任意一个可以访问的单元，而这个功能是变量或数组不可能代替的。所以正确有效地使用指针类型的数据，可以更有效地表达复杂的数据结构，更有效地使用数组或变量，更方便直接地处理内存或其他存储区。

模块4

单片机系统的应用

4

学习指南

在日常生活中，许多消费类电子产品都运用了单片机系统，本模块学习应用单片机技术控制多个发光二极管、数码管，设计单个按键和矩阵式按键，并学习步进电动机的控制方法。

能力体系

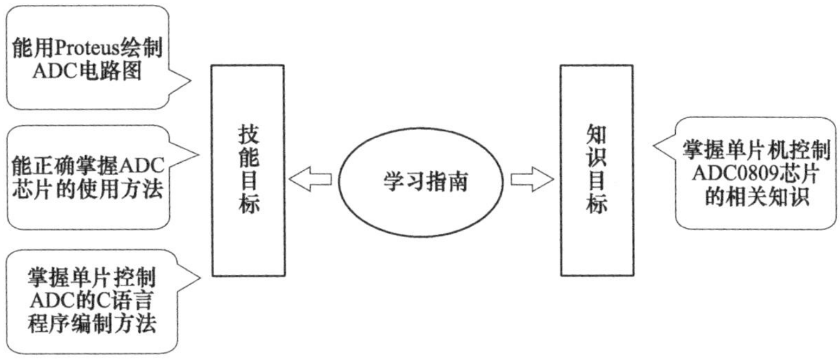

学习建议

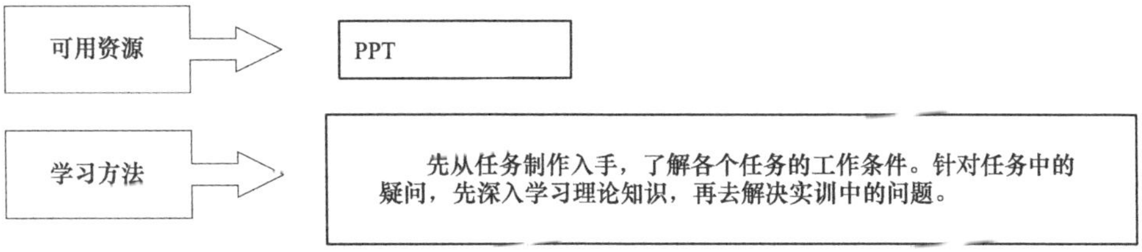

任务1 控制多个发光二极管的闪烁

学习目标

技能目标：

(1) 能够熟练运用 Proteus 软件绘制单片机与多个发光二极管的电路图。

（2）能正确设计多个二极管的外围电路。

知识目标：

（1）能够正确编写单片机控制多个发光二极管闪烁的 C 语言程序。

（2）能够设计多个发光二极管的电路原理图。

素养目标：

（1）在编写 C 语言程序的过程中，能够通过协作的方式解决程序编译过程中遇到的问题。

（2）在完成任务的过程中，能够总结解决问题的途径与方法。

描述任务

本任务是利用由单片机和多个发光二极管组成的系统模拟霓虹灯的工作效果，在 Proteus 上选择电子元器件，组装单片机系统，调试 C 语言程序，也就是制作一个能实现多个二极管闪烁的系统。

任务分析

知识点：

学习多个二极管在单片机系统中的硬件接口技术，熟悉单片机 I/O 口的综合程序与调试方法。

技能点：

（1）了解发光二极管的单向导电性，导通电压降为 1.7~2.1V，工作电流为 3~20mA，超过 24mA 会烧毁。电路中要加限流电阻。

（2）利用万用表对二极管进行检测，或者利用电阻挡对其进行检测。

必备知识

1. 发光二极管极性的判断

指针式万用表 $R\times1k$ 挡，可以用来检测发光二极管。检测时，将两表笔分别与发光二极管的两条引脚相接，如果万用表向右偏转，并且发光二极管中有发光点，说明发光二极管正向连接。这时与黑表笔（表内电池正极相连）相接的是正极，与红表笔（表内电池负极相连）相接的是负极。

发光二极管的导通电压降为 1.7~2.1V，工作电流为 3~20mA，超过 24mA 会烧毁，电路中要加限流电阻。

2. 限流电阻的计算

如图 4-1 所示，单片机 I/O 口输出低电平为 0。其中 V_{CC} 端电压为 5V，二极管的导通电压降为 1.7V，工作电流为 3~20mA，则有：

$$R_1 = \frac{5V - 1.7V}{3mA} = 110\Omega$$

$$R_1 = \frac{5V - 1.7V}{20mA} = 16.5\Omega$$

限流电阻的阻值范围为 16.5~110 Ω。

任务实施

一、绘制电路原理图

1. 8 个发光二极管的引脚连接

8 个发光二极管所需元器件如图 4-2 所示，8 个发光二极管闪烁的电路原理如图 4-3 所示。8 个发光二极管的引脚接单片机的 P1 口。

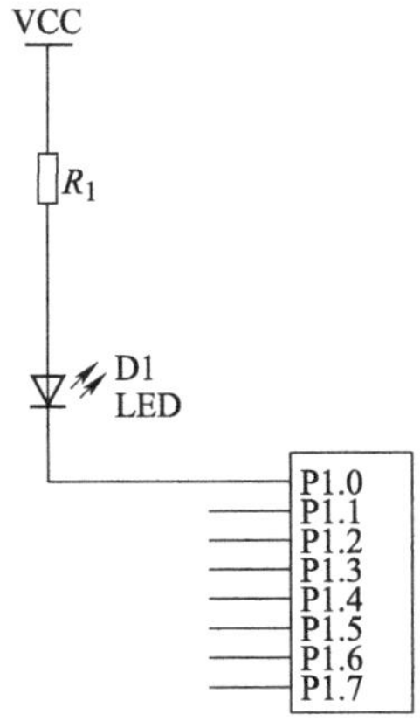

图 4-1　发光二极管的发光原理

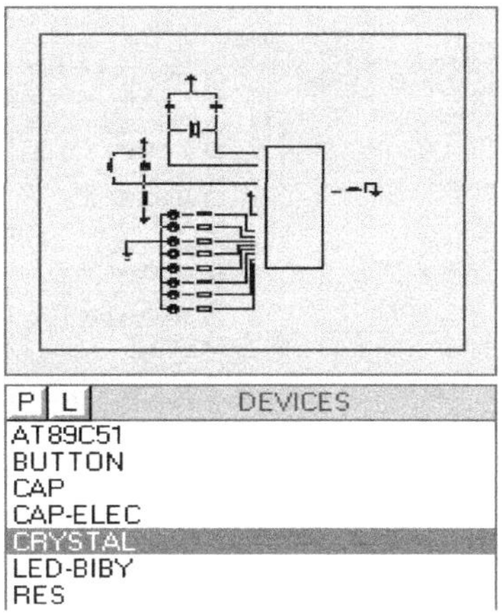

图 4-2　8 个发光二极管闪烁所需元器件

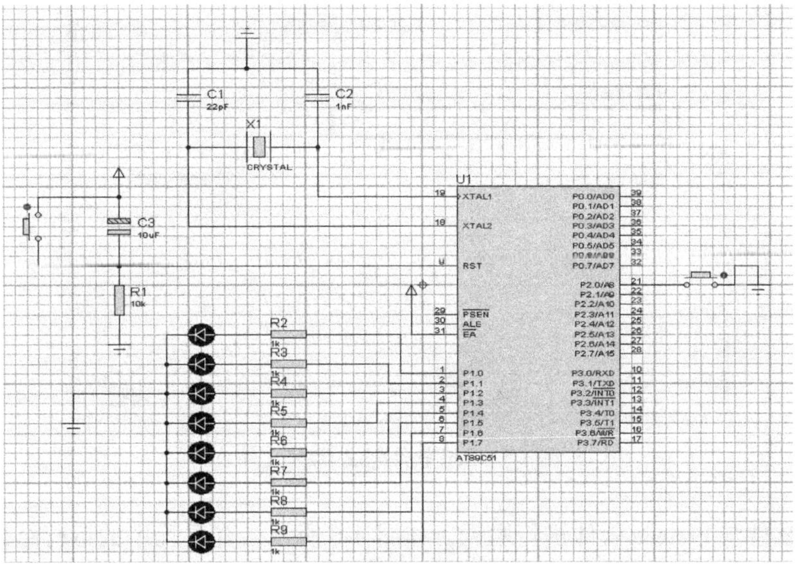

图 4-3　用 Proteus 绘制多个发光二极管闪烁原理图

2.8 个发光二极管的工作过程

单片机 P1.0，P1.1，P1.2，P1.3，P1.4，P1.5，P1.6，P1.7 分别控制 D0，D1，D2，D3，D4，D5，D6，D7 这 8 个发光二极管。

二、编写程序文件

运行 Keil 软件，设置单片机的类型 AT89C52，如图 4-4 所示。设置文件的输出类型为 HEX 文件，如图 4-5 所示。

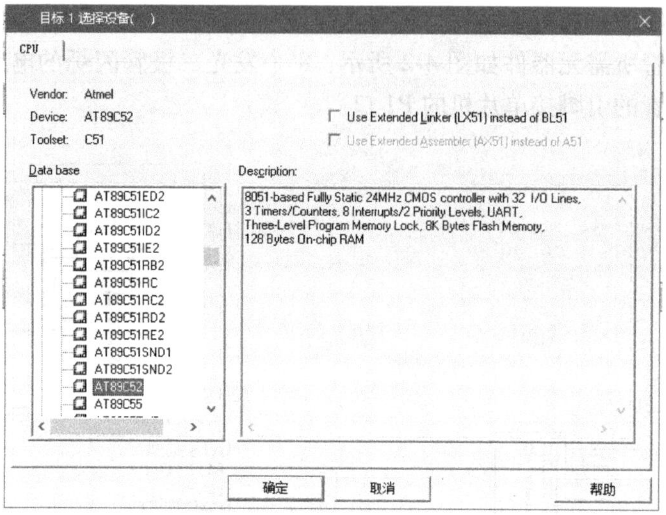

图 4-4 Keil 软件中选单片机类型

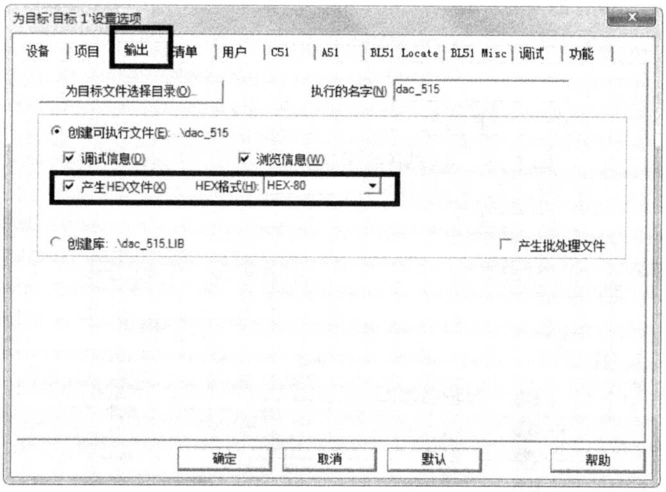

图 4-5 Keil 软件生成 HEX 文件

将 Keil 软件与 Proteus 软件进行联调，如图 4-6 所示，查看程序的运行结果，如图 4-7 所示。

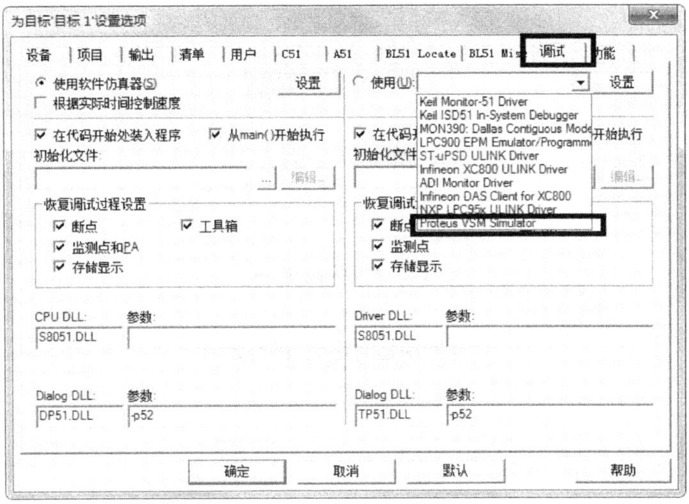

图 4-6　Keil 软件与 Proteus 软件进行联调

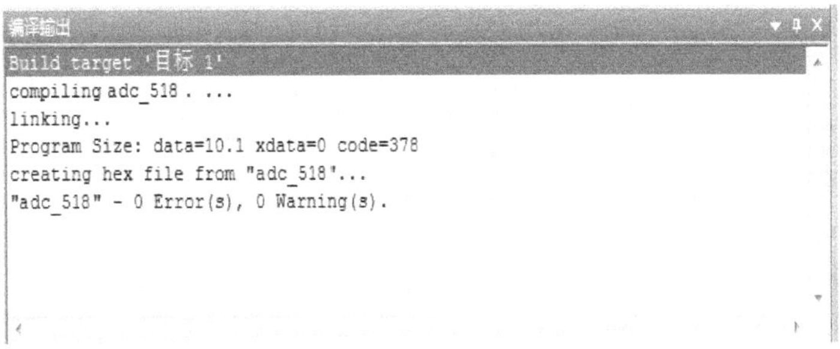

图 4-7　Keil 软件对程序进行编译

```
#include <reg52. h>                 //包含头文件
sbit LED0=P1^0;                     //定义 I/O 口
sbit LED1=P1^1;
sbit LED2=P1^2;
sbit LED3=P1^3;
sbit LED4=P1^4;
sbit LED5=P1^5;
sbit LED6=P1^6;
sbit LED7=P1^7;
sbit key=P2^0;
void Delay(unsigned int t);         //延时函数声明

void main (void)                    //主函数
{
```

```
unsigned char i;                    //定义数据类型
while(1)                            //主循环
  {
if(key==0)                          //判断 key 是否等于 0
{
for(i=0;i<10;i++)                   //for 循环
  {
  LED0=0;
  LED2=1;                           //P1^2 赋值为高电平
  LED4=0;
  Delay(5000);                      //调用延时函数,进行延时

  LED0=1;
  LED2=0;
  LED4=1;
  Delay(5000);
  }

for(i=0;i<10;i++)
  {
  LED0=0;
  LED2=1;
  LED4=0;
  Delay(60000);

  LED0=1;
  LED2=0;
  LED4=1;
  Delay(60000);
  }
}
}
}
void Delay(unsigned int t)          //延时子函数
{
  while(--t);
}
```

三、仿真运行

编写好程序文件后，生成 HEX 文件，在 Proteus 的单片机中加载该 HEX 文件，单击“运行”按钮，8 个发光二极管闪烁，如图 4-8 所示。

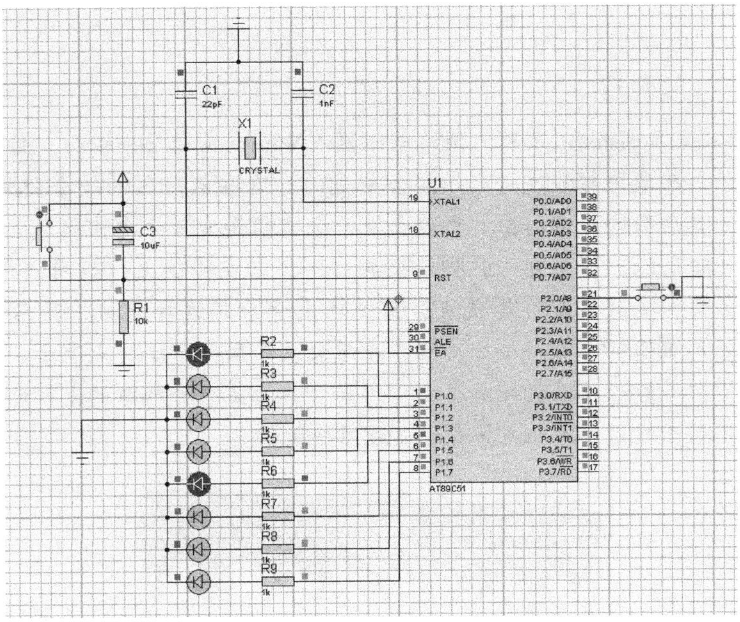

图 4-8　Proteus 软件实现 8 个发光二极管闪烁

任务总结与评价

项目名称：		班级			
工作任务：		姓名		学号	
任务过程评价（100 分）					
序号	项目及技术要求	评分标准			得分
		优秀	良好	仍需努力	
1	简述单片机的引脚低电平电压，得 10 分				
2	绘制单片机电路原理图正确，单片机能正常工作，得 10 分				
3	绘制单个发光二极管电路正确，得 30 分				
4	绘制 8 个发光二极管电路正确，得 10 分				
5	编写单片机程序正确，发光二极管点亮正常，得 20 分				
6	编写单片机程序正确，发光二极管闪烁，得 20 分				
总评		总分：			
		教师签字：			年　月　日

任务拓展

小知识窗：

排阻（Network Resistor）又称为网络电阻器（Wire-wound Resistor）。排阻是将若干个参数完全相同的电阻集中封装在一起而组合制成的。这些电阻器的一个引脚连接在一起，作为公共引脚，其余引脚正常引出。所以如果一个排阻是由 *n* 个电阻构成的，那么它就有 *n*+1 个引脚，一般来说，最左边的引脚是公共引脚，它在排阻上一般用一个色点标出来。排阻具有装配方便、安装密度高等优点，目前已大量应用在电视机、显示器、计算机主板、小家电中。排阻通常都有一个公共端，在封装表面用一个小白点表示。其颜色通常为黑色或黄色。排阻一般应用在数字电路上，比如：作为某个并行口的上拉电阻或者下拉电阻使用排阻比用若干只固定电阻更方便，如图 4-9 所示。

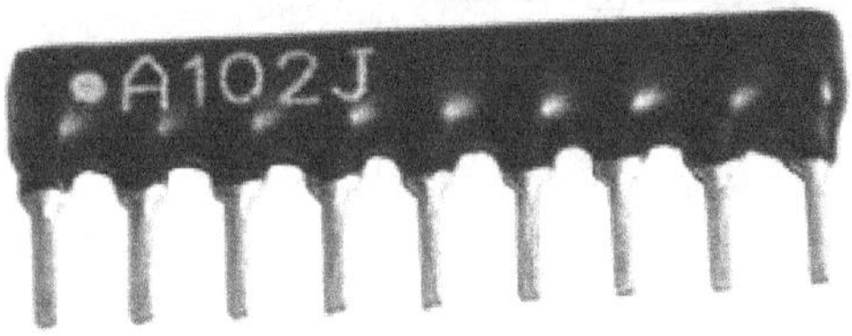

图 4-9　排阻

任务 2　控制数码管的动态显示

学习目标

技能目标：

（1）能够熟练运用 Proteus 软件，绘制单片机与数码管的电路图。

（2）能了解数码管的引脚。

知识目标：

（1）能够正确编写单片机控制数码管动态显示的 C 语言程序。

（2）能够设计数码管的动态显示电路原理图。

素养目标：

（1）在编写 C 语言程序的过程中，能够通过小组讨论的方式解决程序编译过程中遇到的问题。

（2）在完成任务的过程中，能够总结解决问题的途径与方法。

描述任务

通过 AT89C51 单片机执行指定的数码管显示程序，使多个数码管实现动态显示。本任务以单片机系统，通过较少的 I/O 口来控制多个数码管显示。

任务分析

知识点：

学习数码管在单片机系统中的硬件接口技术，熟悉多位数码管动态显示的综合程序与编译方法。

技能点：

（1）掌握 Proteus 软件仿真中多位数码管的调试。

（2）能够对数码管的动态显示进行调试和控制。

必备知识

一、数码管动态显示的概念

用数码管显示信息时，由于每个数码管至少需要 8 个 I/O 口，如果需要多个数码管，则需要多个 I/O 口，而单片机的口是有限的，因此在实际应用中一般采用动态显示的方式解决此问题。

动态显示的特点是，将所有位数码管的段选线并联在一起，由位选线控制是哪一个位数码管有效。选亮数码管采用动态扫描显示。所谓动态扫描显示，即向各个位数码管送出字形码和相应的位选信号，利用发光管的余晖和人眼视觉暂留作用，使人感觉好像各位数码管同时都在显示。动态显示的亮度比静态显示要差一些，所以在选择限流电阻时应略小于静态显示电路中的限流电阻。

二、数码管动态显示的编程思路

所有数码管的段选引脚全部并联在一起，如何能显示不同的内容呢？动态显示是指多个数码管交替显示，利用人的视觉暂留作用使人能看到多个数码管同时显示。在编程时，需要输出段选信号和位选信号，位选信号选中其中一个数码管，然后输出段码信号，使该数码管显示所需要的内容，延时一段时间后再选中另一个数码管，再输出对应的段码信号，高速交替。

例如，需要显示数字“12”时，先输出位选信号选中第一个数码管，输出 1 的段码，延时一段时间后，选中第二个数码管，输出 2 的段码。把上面的流程以一定的速度循环执行就可显示“12”，由于交替的速度非常快，人眼看到的就是连续的“12”。

在动态显示过程中，各个位的延时时间长短是非常重要的，如果延时时间过长，则会出现闪烁现象；如果延时时间太短，则会出现显示暗且有重影。

三、多位数码管的引脚特性

如图 4-10 所示，各引脚的特性如下：

GND：共阴极数码管的公共端，片选信号输入线，低电平有效。

a~g：共阴极数码管的正极。

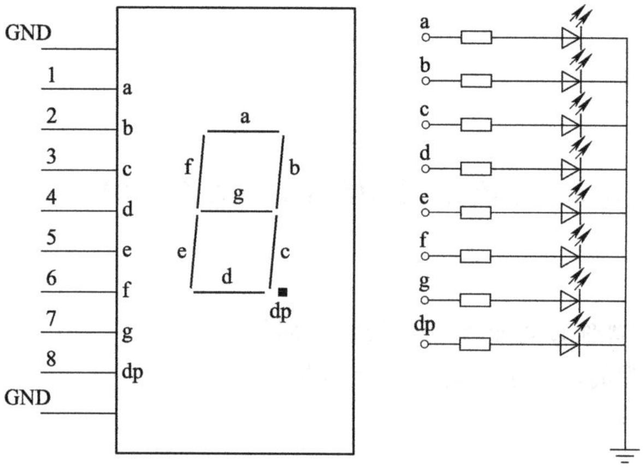

图 4-10　共阴极数码管

任务实施

一、绘制电路原理图

1. 数码管动态显示的元器件设置

数码管动态显示所需元器件如图 4-11 所示，数码管动态显示的电路原理如图 4-12 所示。

2. 数码管动态显示的工作过程

单片机 P0.0，P0.1，P0.2 P0.3，P0.4，P0.5，P0.6，P0.7 分别控制发光二极管的段码信号。单片机 P2.1，P2.2，P2.3，P2.4 分别控制四个发光二极管的位码信号。

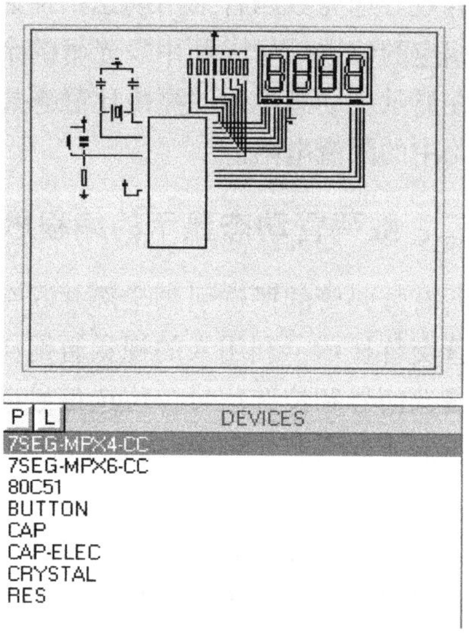

图 4-11　数码管动态显示所需元器件

二、编写程序

在 Keil 软件中对单片机的类型进行设置，Atmel 选项中选择“AT89C51”。设置文件的输出类型为 HEX 文件，如图 4-13 所示。将 Keil 软件与 Proteus 软件进行联调，如图 4-14 所示，查看程序的运行结果，如图 4-15 所示。

```
#include<reg52.h>                  //包含头文件,一般情况下不需要改动
#include<intrins.h>
#defineDataPort P0                 //定义数据端口
sbit Weixuan1=P2^1;                //定义位段码
sbit Weixuan2=P2^2;                //定义位段码
sbit Weixuan3=P2^3;                //定义位段码
```

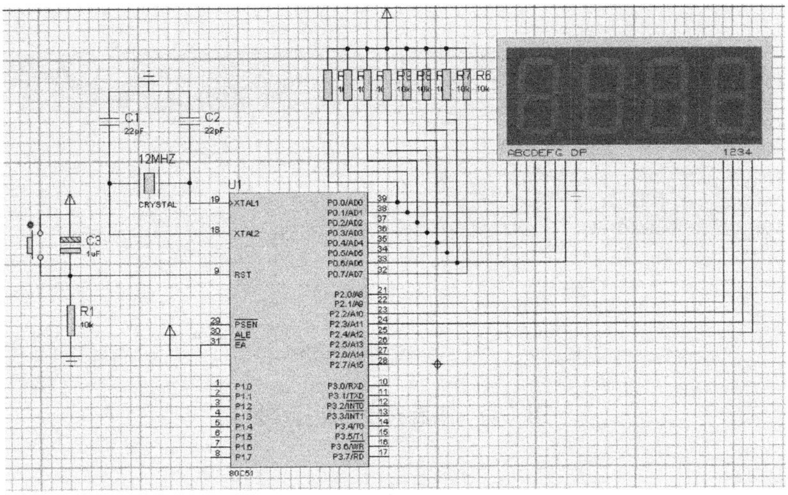

图 4-12 数码管动态显示的电路原理

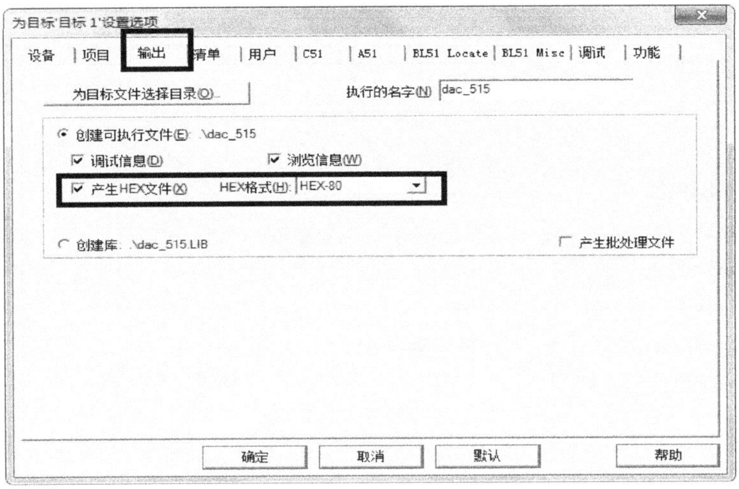

图 4-13 设置文件的输出类型为 HEX 文件

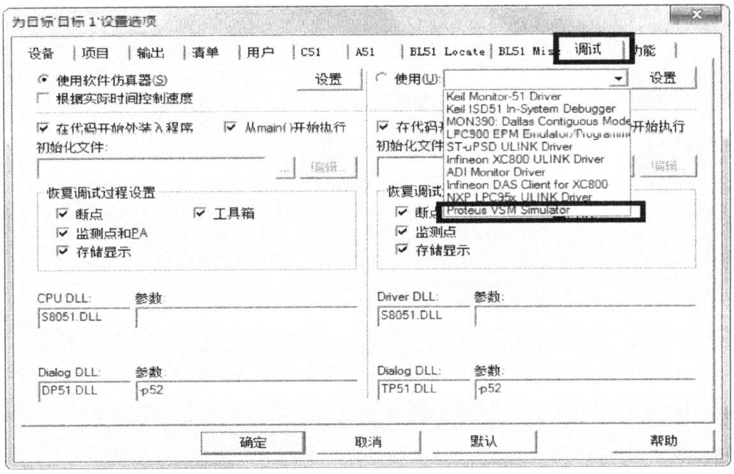

图 4-14 将 Keil 软件与 Proteus 软件进行联调

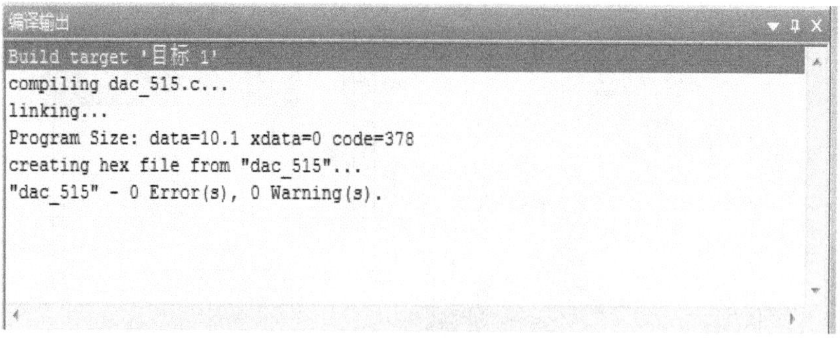

图 4-15　查看程序的运行结果

```
sbit Weixuan4=P2^4;                //定义位段码
sbit Weixuan5=P2^5;                //定义位段码
void Delay5ms(unsigned char i);
main()
{
while(1)
        {
        Weixuan1=0;
        Weixuan2=1;
        Weixuan3=1;
        Weixuan4=1;
        DataPort=0x6d;             //显示数字 5
        Delay5ms(20);

        Weixuan1=1;
        Weixuan2=0;
        Weixuan3=1;
        Weixuan4=1;

        DataPort=0x06;             //显示数字 1
        Delay5ms(20);

        Weixuan1=1;
        Weixuan2=1;
        Weixuan3=0;
        Weixuan4=1;

        DataPort=0x3f;             //显示数字 0
        Delay5ms(20);
```

```
        Weixuan1 = 1;
        Weixuan2 = 1;
        Weixuan3 = 1;
        Weixuan4 = 0;
        DataPort = 0x4f;              //显示数字 3
        Delay5ms(20);

        DataPort = 0x00;              //段码复位
            }
    }

void Delay5ms(unsigned char i)        //@12.000MHz,延时 5ms 函数
{
    unsigned char j;
    j = 90;
    do
    {
    while (--j);
    } while (--i);
}
```

三、仿真运行

编写好程序文件后，生成 HEX 文件。在 Proteus 的单片机中加载该 HEX 文件，单击“运行”按钮，若原理图无误，则在数码管上动态显示“5103”，如图 4-16 所示。

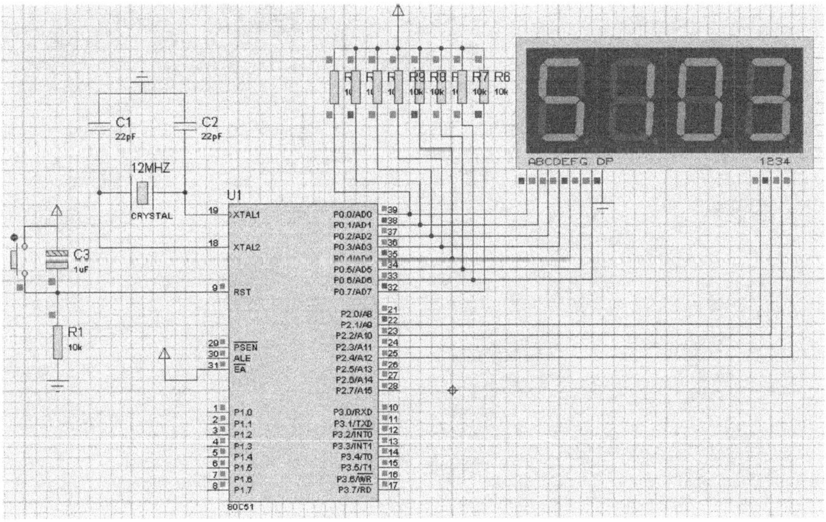

图 4-16　仿真中运行数码管的动态显示（一）

修改程序，并下载到单片机上，四位数码管依次仿真“5103”“1726”“0931”“6298”，如图 4-17、图 4-18、图 4-19 所示。

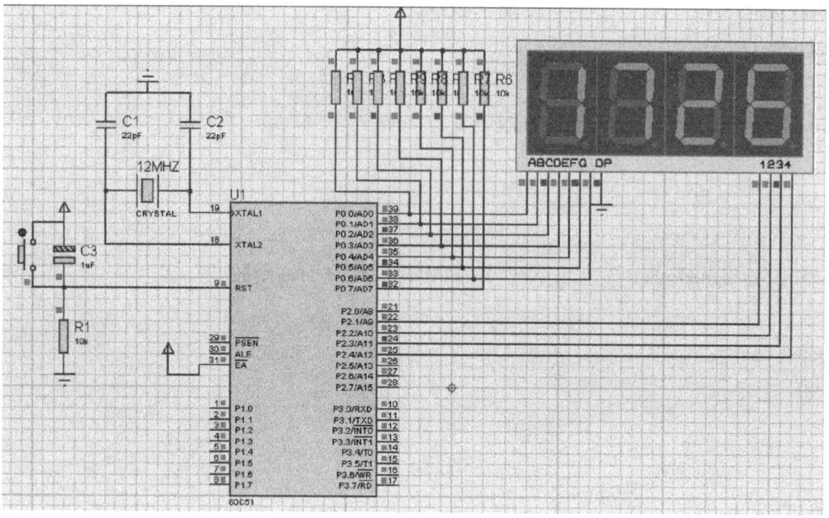

图 4-17　仿真中运行数码管的动态显示（二）

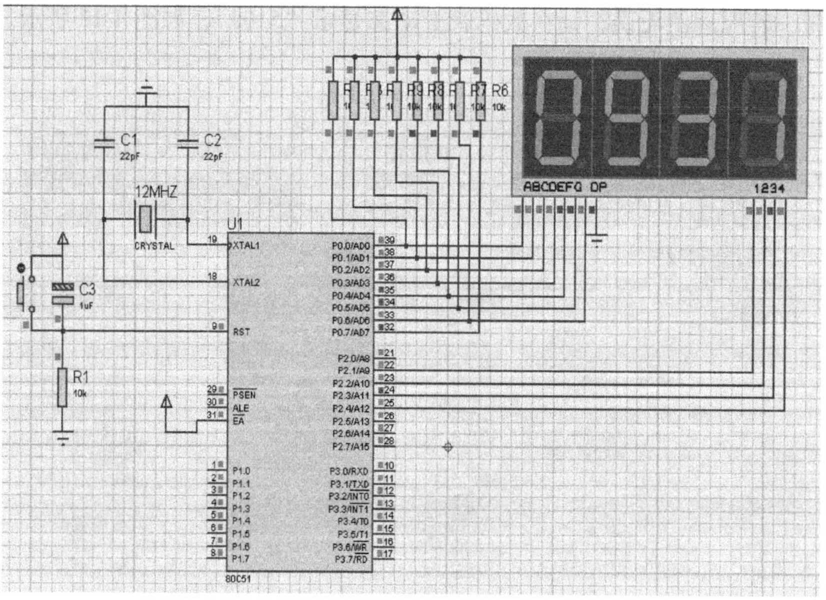

图 4-18　仿真中运行数码管的动态显示（三）

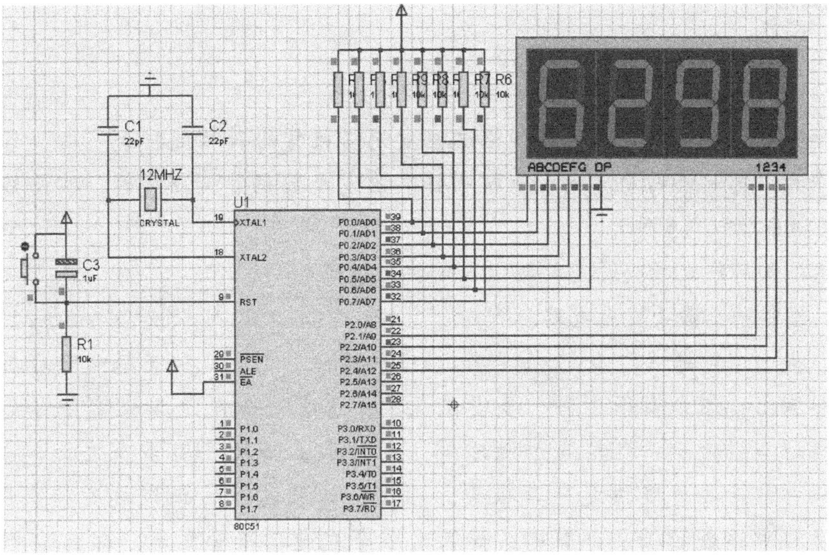

图 4-19　仿真中运行数码管的动态显示（四）

任务总结与评价

项目名称：		班级			
工作任务：		姓名		学号	
任务过程评价（100 分）					
序号	项目及技术要求	评分标准			得分
		优秀	良好	仍需努力	
1	绘制本任务原理图，所选元器件设置正确，得 10 分				
2	绘制单片机与四位数码管的连接电路正确，得 20 分				
3	单片机程序正确，动态显示程序正确，得 15 分				
4	Keil 软件与 Proteus 软件联调成功，得 15 分				
5	在 Proteus 软件中进行仿真，按下独立式按键，效果正常，得 20 分				
6	任务拓展，可能创新设置其他数字，得 20 分				
总评		总分：			
		教师签字：			年　月　日

任务拓展

小知识窗：

发光数码管有共阴和共阳两种，把这些发光二极管的正极连接到一起，作为一个引脚，就叫作共阳发光数码管，相反地就叫作共阴发光数码管。应用时，共阳极引脚就接 VCC，共阴极引脚就接 GND。

想一想：如何判断数码管是共阴极还是共阳极呢？

提示：搭建一个最小发光电路。

首先，找一个电源（3~5V）和一个 1kΩ 的电阻，电源正极串联电阻后与负极接在任意两个引脚上，组合有很多种，多尝试几次，总有一个发光二极管会发光的。然后不改变负极所接引脚，正极端逐个触碰剩下的引脚，如果还有多个发光二极管发光，那么该数码管就是共阴极的发光二极管。相反，如果电源的正极端所接引脚不改变，用电源的负极端逐个触碰余下引脚，如果有多个发光二极管发光，那么这个数码管就是共阳极数码管。

任务 3 制作 24h 时钟

学习目标

技能目标：

（1）能够熟练运用 Proteus 软件绘制单片机与多个数码管的电路图。

（2）能正确设计多个数码管的外围电路。

知识目标：

（1）能够正确编写单片机控制多个数码管动态显示的 C 语言程序。

（2）能够正确编写单片机控制多个数码管 24h 时钟显示的 C 语言程序。

素养目标：

（1）在编写 C 语言程序的过程中，能够通过协作的方式解决程序编译过程中遇到的问题。

（2）在完成任务的过程中，能够总结解决问题的途径与方法。

描述任务

本任务是利用单片机和多个数码管组成的系统模拟 24h 时钟效果，在 Proteus 上搭建相应的系统，并加以调试。

任务分析

知识点：

学习多个数码管在单片机系统中的硬件接口技术，熟悉单片机 I/O 口的综合程序与调试方法。

技能点：

(1) 复习多个数码管的动态显示。

(2) 编写单片机 C 语言程序，实现 24h 显示。

必备知识

一、24h 时钟时间调整

24h 时钟时间调整功能，采用单独按键控制调时功能，运用软件去抖动判断按键的时间，从而选择完成相对应的功能。当第一次按下按键 1 时，对应小时位，来调节小时的时间。当第二次按下按键 1 时，对应分钟位，来调节分钟的时间。当第三次按下按键 1 时，对应秒位，来调节秒的时间。再设置小时位时间，如果按下按键 2，小时就加 1，小时位数字限制在 0~23。分钟位和秒位数字限制在 0~59。

二、中断技术

系统中的按键采用中断技术来检测，它在单片机系统中有着十分重要的作用，它不仅可以提高单片机的效率，也可以对突发事件进行处理。所谓中断，就是当单片机正在执行程序 A 时，发生了另外一个急需处理的事件 B，这时单片机暂停当前执行的程序 A，立即转去执行处理事件 B 的程序，处理完事件 B 后，再回到程序 A 继续执行，这个过程叫作“中断”。

任务实施

一、绘制电路原理图

24h 时钟电路所需元器件如图 4-20 所示，24h 时钟原理图如图 4-21 所示。

8 个数码管分配与显示方式。单片机 P1 口分别控制 8 个数码管，分别显示小时位、分钟位和秒钟位。数码管显示采用动态显示。

二、编写程序文件

运行 Keil 软件，设置单片机的类型为“AT89C52”，如图 4-22 所示，设置文件的输出类型为“HEX”文件，如图 4-23 所示。

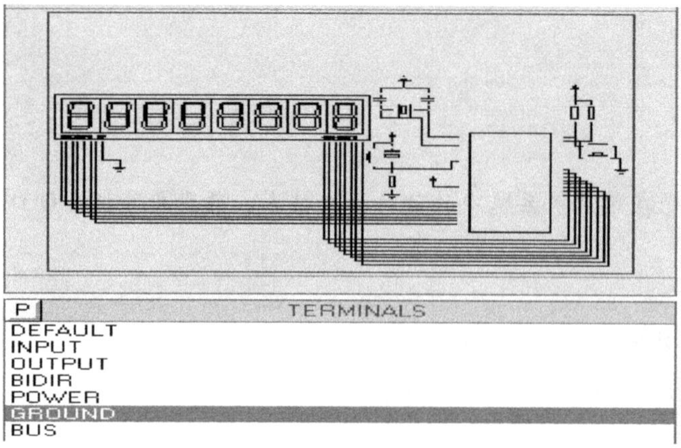

图 4-20　24h 时钟所需元器件

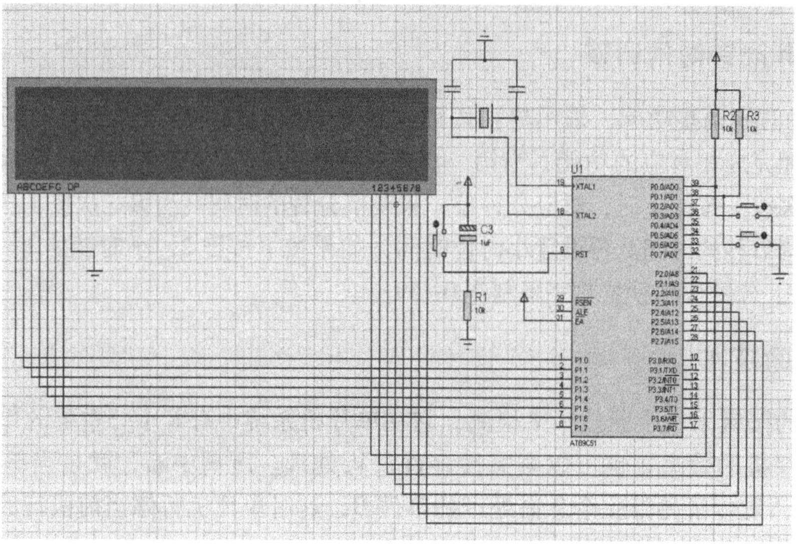

图 4-21　Proteus 绘制 24h 时钟原理图

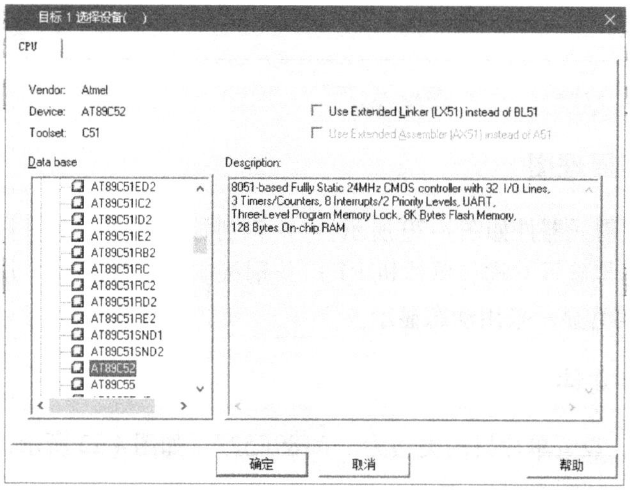

图 4-22　Keil 软件中选单片机类

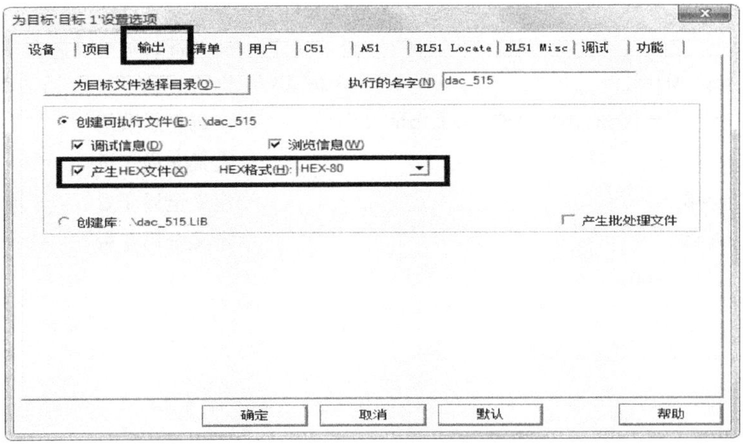

图 4-23　Keil 软件生成 HEX 文件

将 Keil 软件与 Proteus 软件进行联调，如图 4-24 所示，查看程序的运行结果，如图 4-25 所示。

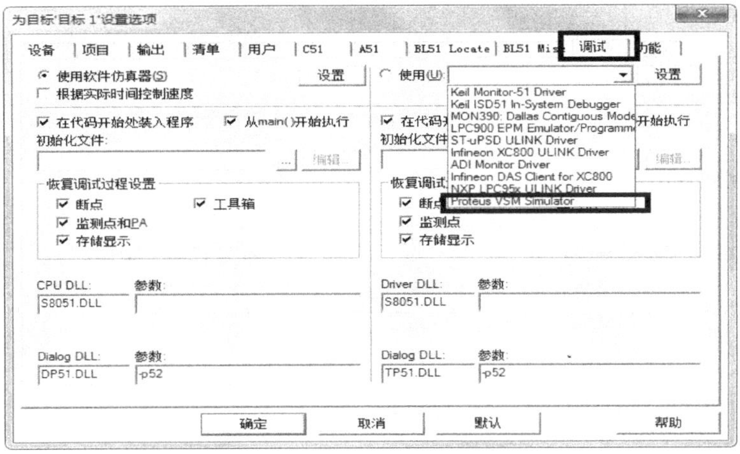

图 4-24　Keil 软件与 Proteus 软件进行联调

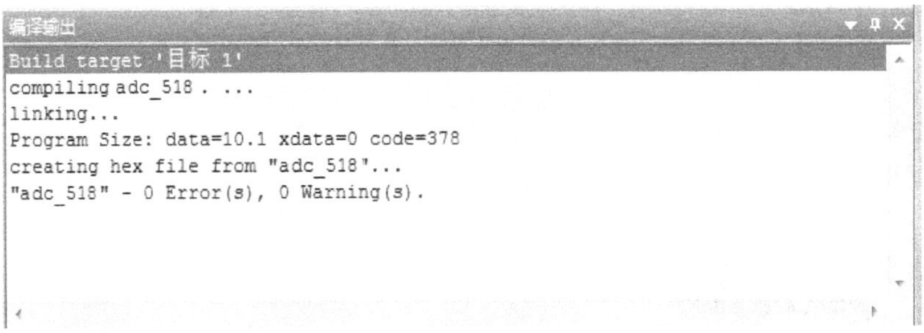

图 4-25　Keil 软件对程序进行编译

```
#include <reg51. h>                                    //包含头文件,一般情况下不需要改动,
                                                        头文件包含特殊功能寄存器的定义
unsigned char seg[10] = {0x3f,0x06,0x5b,0x4f,0x66,0x6d,0x7d,0x07,0x7f,0x6f} ;    //段码显示数组
unsigned char con[6] = {0xfe,0xfd,0xf7,0xef,0xbf,0x7f} ;    //位码显示数组
unsigned char mm=0;                                    //定义全局变量
unsigned char ss=0;                                    //定义全局变量
unsigned char hh=0;                                    //定义全局变量
unsigned char count=100;
//
typedefenum _keyVal{
    keyValueNone,
    keyValuePlus,//
    keyValueSetting//

}KeyValue;

sbit Kplus = P0^0;
sbit Kset = P0^1;

//unsigned inttimeCount;

unsigned char setFlag;

void Delay100us(unsigned int t)                        //@ 12. 000MHz
{
    unsigned int i;
    i = 47 * t;
    while (--i);
}

KeyValue scanKey()
{
    if(Kplus == 0)
    {
      Delay100us(10);
      if(Kplus == 0)
      {
        while(Kplus == 0);
            return keyValuePlus;
      }
    }
```

```
    if(Kset == 0)
    {
      Delay100us(10);
      if(Kset == 0)
      {
        while(Kset == 0);
            return keyValueSetting;
      }
    }
    return keyValueNone;
}

void main()//主函数
{
    KeyValue keyVal;
    TMOD=1;
    TH0=-10000>>8;
    TL0=-10000;
    EA=1;
    ET0=1;TR0=1;
    while(1)
    {
      keyVal = scanKey();

      switch(keyVal)
      {
            case keyValuePlus:
            {
              if(setFlag == 0)
                {

                }
                else if(setFlag == 1)
                {
                     ss++;
                }
                else if(setFlag == 2)
                {
            mm++;
                }
```

```
                else if( setFlag = = 3)
                {
            hh++;
                }
            }
                break;
            case keyValueSetting:
            {
                setFlag++;
                if( setFlag > 3)
                {
                    setFlag = 0;
                }
            }
                break;

            default :
                break;
        }
    }
}
void isr_time0( ) interrupt 1                              //定时器子函数
{
    unsigned int i=0,j;
    unsigned char time[6];
    unsigned char wei1,wei2;
    TH0=-10000>>8;TL0=-10000;
    count--;
    if( count= =0)
    {
        count=100;
        ss++;
        if( ss= =60)
        {
            ss=0;mm++;
            if( mm= =60)
            {
                mm=0;hh++;
                if( hh= =24)
                hh=0;
            }
```

```
        }
    }
    time[0]=hh/10;time[1]=hh%10;                    //时间小时计算
    time[2]=mm/10;time[3]=mm%10;                    //时间分钟计算
    time[4]=ss/10;time[5]=ss%10;                    //时间秒计算
    for(i=0;i<6;i++)
    {
        if(setFlag > 0)
        {
            switch(setFlag)
            {
                case 1:
                    wei1 = 4;
                    wei2 = 5;
                    break;
                case 2:
                    wei1 = 2;
                    wei2 = 3;
                    break;
                case 3:
                    wei1 = 0;
                    wei2 = 1;
                    break;
            }
            if(i == wei1|| i==wei2 )
            {
                if(count >50)
                {
                    continue;
                }
            }
        }
    }
    P2=con[i];
    if(i==1||i==3)
      P1=seg[time[i]]&0x7f;
    else P1=seg[time[i]];
    for(j=100;j>0;j--);
    }
}
```

三、仿真运行

编写好程序文件后，生成 HEX 文件。在 Proteus 的单片机中加载该 HEX 文件，单击

“功能”按钮，小时位、分钟位、秒位循环切换，单击“累加”按钮，相应功能位的数字分别从 0~23 循环或者 0~59 循环，如图 4-26 所示。

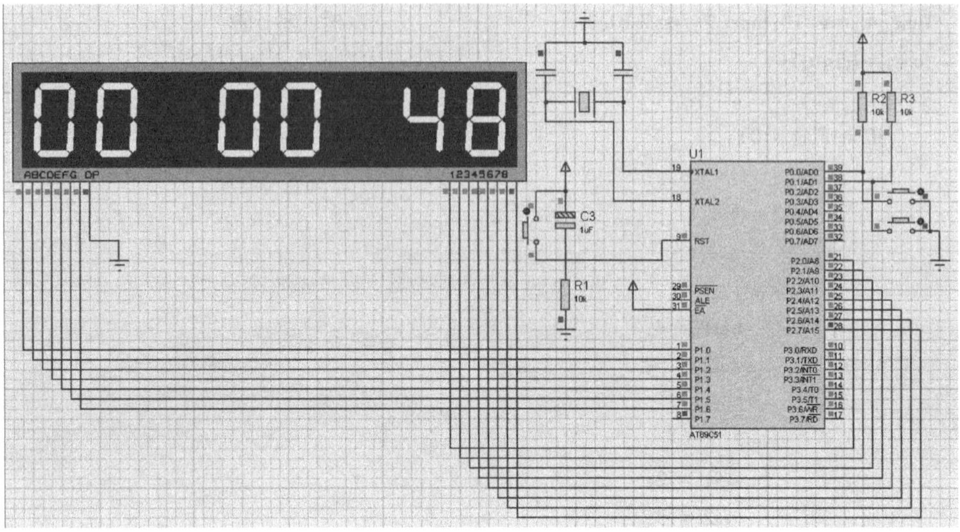

图 4-26 Proteus 软件实现 24h 时钟仿真

任务总结与评价

项目名称：		班级			
工作任务：		姓名		学号	
任务过程评价（100 分）					
序号	项目及技术要求	评分标准			得分
		优秀	良好	仍需努力	
1	简述单片机最小系统，得 10 分				
2	绘制单片机电路原理图正确，单片机能正常工作，得 10 分				
3	绘制按键电路正确，得 20 分				
4	绘制 8 个数码管电路正确，得 20 分				
5	编写单片机程序正确，时钟正常，得 20 分				
6	编写单片机程序正确，调整时间功能正常，得 20 分				
总评		总分：			
		教师签字：			年 月 日

任务拓展

小知识窗：

时钟电路

在本次设计中，时钟电路设计就是采用内部方式，即利用芯片内部的振荡电路。AT89C51单片机内部有一个用于构成振荡器的高增益反相放大器。引脚XTAL1和XTAL2是高增益反相放大器的输入端和输出端。这个高增益反相放大器将与作为反馈元件的片外晶体谐振器一起构成一个自激振荡器。外接晶体振荡器以及电容C1和C2构成并联谐振电路，接在放大器的反馈回路中，对外接电容的值虽然没有严格的要求，但是电容的大小会影响起振的快速和温度的稳定性、振荡器的稳定性、振荡器频率的高低。因此，此系统电路的晶体振荡器的值为12MHz，电容应尽可能地选择陶瓷电容，电容值约为22μF。在焊接电路板时，应注意安装晶体振荡器和电容时尽可能与单片机芯片靠近一些，以减少寄生电容，更好地保证振荡器可靠工作和稳定运行。

任务4 独立式按键控制单个数码管

学习目标

技能目标：

(1) 能够熟练运用Proteus软件绘制单片机与多个独立式按键的电路图。

(2) 能正确设计多个独立式按键的外围电路。

知识目标：

(1) 能够正确编写用单片机控制多个独立式按键输入的C语言程序。

(2) 能够设计多个独立式按键的电路原理图。

素养目标：

(1) 在编写C语言程序的过程中，能够通过协作的方式解决程序编译过程中遇到的问题。

(2) 在完成任务的过程中，能够总结解决问题的途径与方法。

描述任务

本任务是利用单片机和多个独立式按键组成的系统模拟按键输入和数码管显示输出效果，并在Proteus仿真出来。

任务分析

知识点：

学习多个独立式按键在单片机系统中的硬件接口技术，熟悉单片机I/O口的综合程序与调试方法。

技能点：

（1）了解独立式按键的电路图，注意上拉电阻的使用。

（2）学习数码管类型的判断方式，利用万用表对数码管的类型进行检测。

必备知识

单个独立按键的工作条件

单个独立按键的发光二极管电路原理如图 4-27 所示。不按下按键时，P1.7 通过一个电阻接到 V_{CC}上，P1.7 为高电平状态；当按下按键时，P1.7 接到了 GND 上，P1.7 被拉低为低电平；按键抬起后，又接到 V_{CC}上，P1.7 再次回到高电平状态。

实际按键的按下与释放是通过机械触点的闭合和断开来实现的，因机械触点的弹性作用，在闭合和断开的瞬间均有一个抖动的过程，抖动必须消除，如图 4-28 所示。

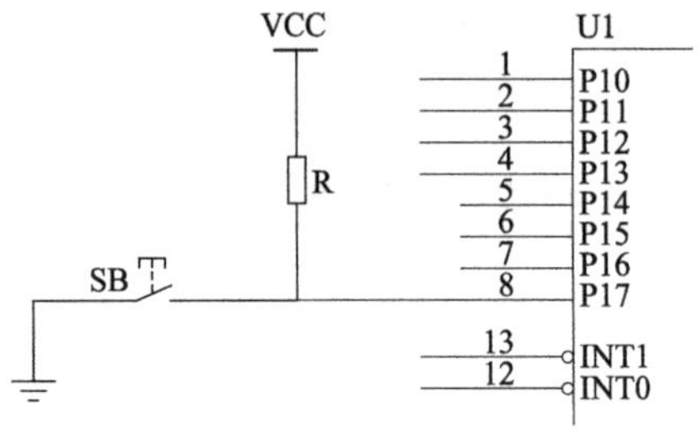

图 4-27　发光二极管电路原理

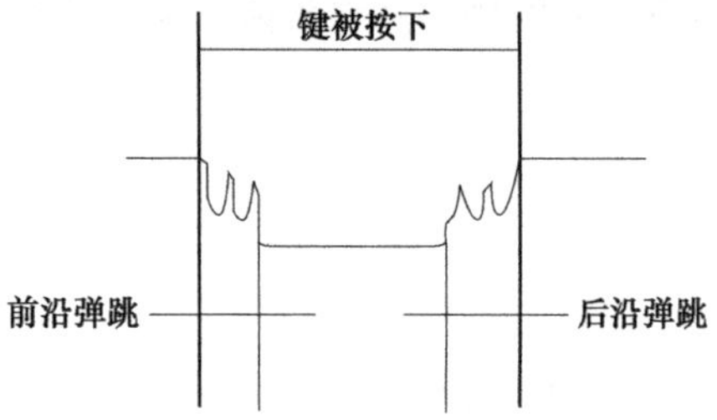

图 4-28　发光二极管的抖动原理

任务实施

一、绘制电路原理图

多个独立按键的发光二极管电路所需元器件如图 4-29 所示。8 个独立按键的引脚接单片机的 P3 口，电气原理图如图 4-30 所示。

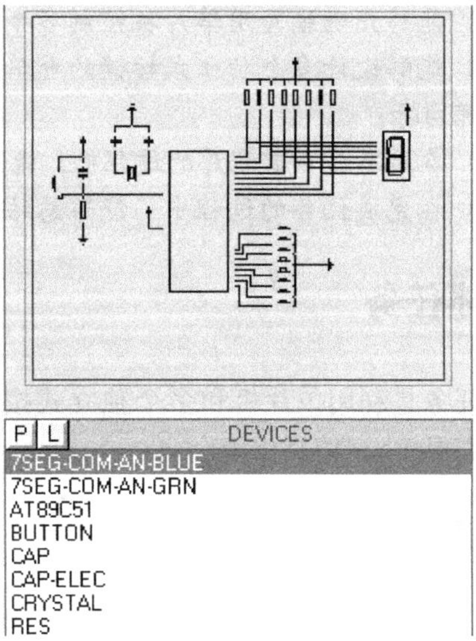

图 4-29　独立式按键控制单个数码管所需元器件

二、编写程序文件

运行 Keil 软件，设置单片机的类型为“AT89C52”，如图 4-31 所示，设置文件的输出类型为“HEX”文件，如图 4-32 所示。

将 Keil 软件与 Proteus 软件进行联调，如图 4-33 所示，查看程序的运行结果，如图 4-34 所示。

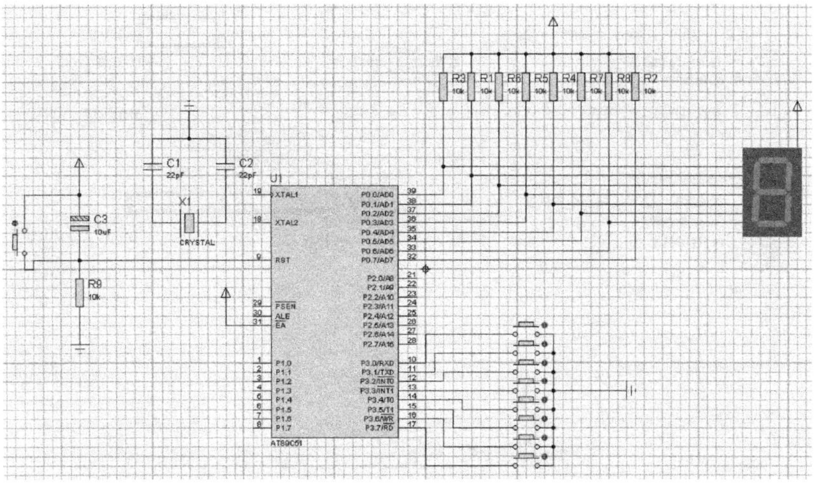

图 4-30　用 Proteus 绘制独立式按键控制单个数码管电气原理图

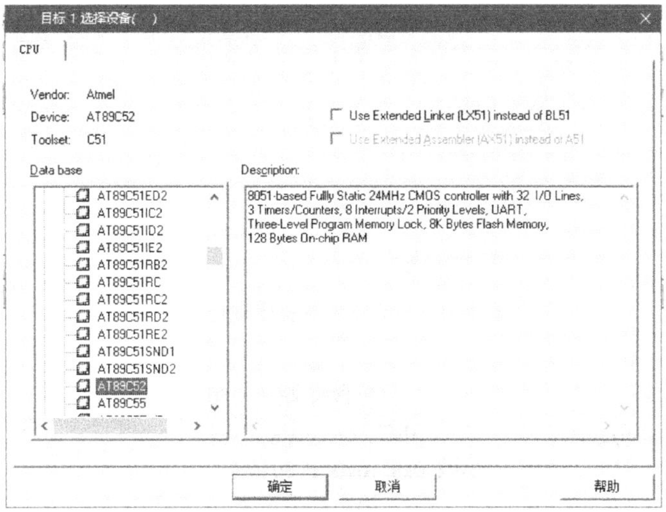

图 4-31　在 Keil 软件中选择单片机类型

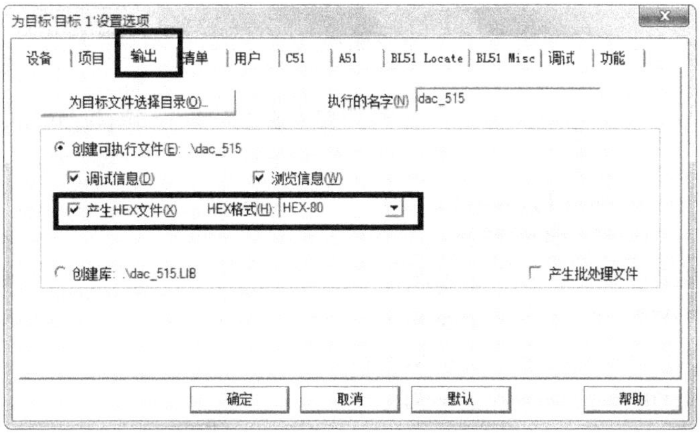

图 4-32　Keil 软件生成 HEX 文件

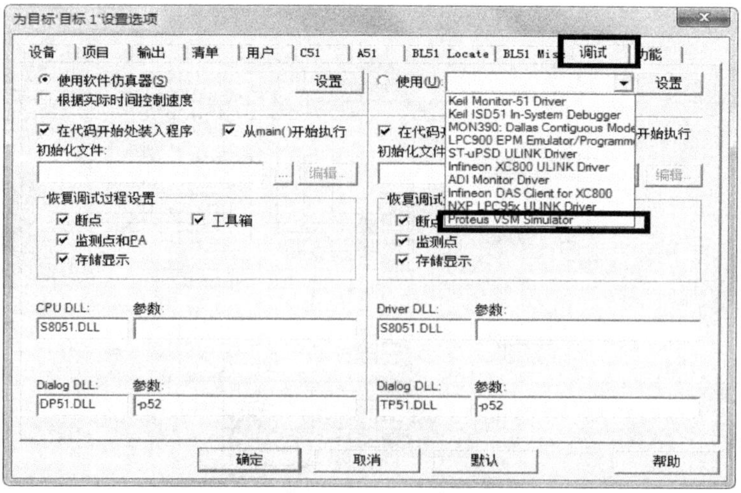

图 4-33　Keil 软件与 Proteus 软件进行联调

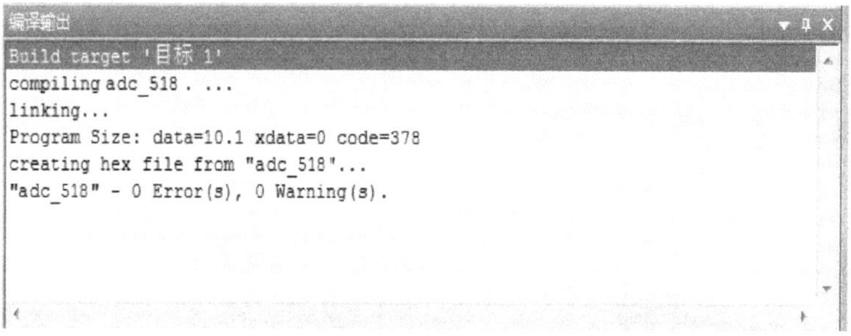

图 4-34　Keil 软件对程序进行编译

```
#include <reg52. h>                    //包含头文件,一般不需要改动
unsigned char codedofly_table[10] = {0xc0,0xf9,0xa4,0xb0,0x99,
                                     0x92,0x82,0xf8,0x80,0x90,};
                                       //段码显示 0~9
void main (void)                       //主函数
{
while (1)                              //主循环
  {
  switch(P3)                           //P3 口作为独立按键输入源,检测端口电平并做如下判断
      {
    case 0xfe:P0=dofly_table[1];break;  //0xfe = 1111 1110,
        case 0xfd:P0=dofly_table[2];break;
        case 0xfb:P0=dofly_table[3];break;
        case 0xf7:P0=dofly_table[4];break;
        case 0xef:P0=dofly_table[5];break;
        case 0xdf:P0=dofly_table[6];break;
        case 0xbf:P0=dofly_table[7];break;
        case 0x7f:P0=dofly_table[8];break;
```

```
                default:break;                    //如果没有按键被按下,则跳出
                }
        }
}
```

三、仿真运行

编写好程序文件后，生成 HEX 文件。在 Proteus 的单片机中加载该 HEX 文件，分别按不同的单独按键，数码管将显示不同的数字，如图 4-35 所示。

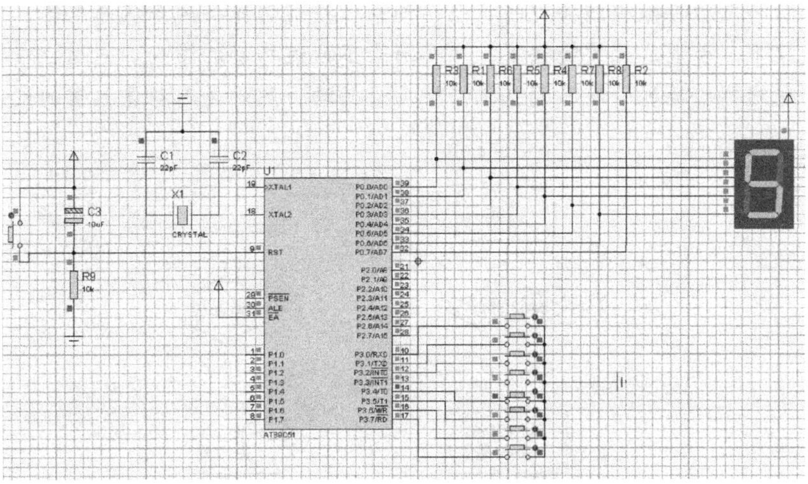

图 4-35 Proteus 软件实现数字电压表仿真

任务总结与评价

<table>
<tr><td colspan="2">项目名称:</td><td>班级</td><td colspan="3"></td></tr>
<tr><td colspan="2">工作任务:</td><td>姓名</td><td colspan="2"></td><td>学号</td></tr>
<tr><td colspan="6">任务过程评价（100 分）</td></tr>
<tr><td rowspan="2">序号</td><td rowspan="2">项目及技术要求</td><td colspan="3">评分标准</td><td rowspan="2">得分</td></tr>
<tr><td>优秀</td><td>良好</td><td>仍需努力</td></tr>
<tr><td>1</td><td>简述单片机最小系统，得 10 分</td><td></td><td></td><td></td><td></td></tr>
<tr><td>2</td><td>绘制单片机电路原理图正确，单片机能正常工作，得 10 分</td><td></td><td></td><td></td><td></td></tr>
<tr><td>3</td><td>绘制单个按键电路正确，得 30 分</td><td></td><td></td><td></td><td></td></tr>
<tr><td>4</td><td>绘制数码管电路正确，得 10 分</td><td></td><td></td><td></td><td></td></tr>
<tr><td>5</td><td>编写单片机程序正确，按键程序正常，得 20 分</td><td></td><td></td><td></td><td></td></tr>
<tr><td>6</td><td>编写单片机程序正确，数码管显示正常，得 20 分</td><td></td><td></td><td></td><td></td></tr>
<tr><td rowspan="2">总评</td><td rowspan="2"></td><td colspan="4">总分:</td></tr>
<tr><td colspan="3">教师签字:</td><td>年 月 日</td></tr>
</table>

任务拓展

小知识窗：

实际按键的消抖方案

实际按键的消抖方法分为硬件方法和软件方法。其中，硬件方法是设计一个滤波延时电路，单稳态电路或RS触发器等硬件电路来避开按键的抖动时间。软件方法是指编制一段时间大于20ms的延时程序，在第一次检测到有按键被按下时，执行延时子程序，使按键的前沿抖动消失后再检测该按键的状态，如果该按键仍保持闭合状态电平，则确认该按键已经稳定按下，否则，无按键按下，从而消除了按键抖动的影响。同理，在检测到按键被释放后，也同样要延迟一段时间，以消除后沿抖动，然后转入对该按键的处理，如图4-36所示。

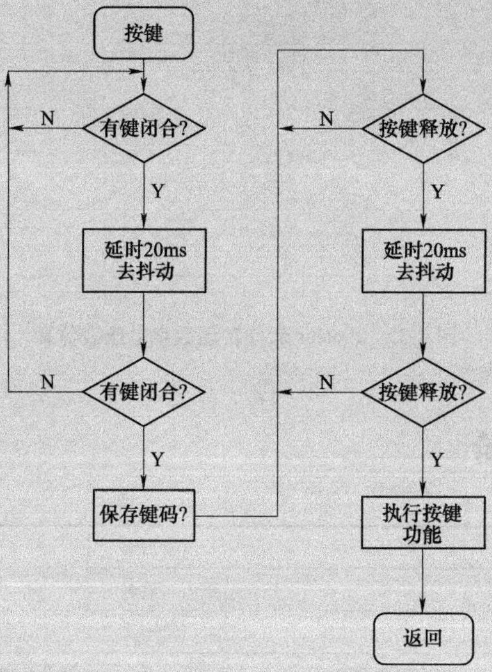

图4-36 软件方法消除抖动的原理

任务5 矩阵键盘控制数码管

学习目标

技能目标：

（1）能够熟练运用Proteus软件绘制矩阵式键盘的电路图。

(2) 能正确设计矩阵式键盘和单个显示数码管的外围电路。

知识目标:

(1) 能够正确编写矩阵键盘输入单片机的 C 语言程序。

(2) 能够设计矩阵式键盘和单个数码管的电路原理图。

素养目标:

(1) 在编写 C 语言程序的过程中,能够通过协作的方式解决程序编译过程中遇到的问题。

(2) 在完成任务的过程中,能够总结解决问题的途径与方法。

描述任务

本任务是利用矩阵式键盘组成单片机的输入系统,并把相应的数字或者字符显示在数码管上。

任务分析

知识点:

学习矩阵式键盘在单片机系统中的硬件接口技术,熟悉单片机 I/O 口的综合程序与调试方法。

技能点:

(1) 了解矩阵式键盘的特性,合理分配 I/O 口。

(2) 了解矩阵按键的检测方法。

必备知识

矩阵式按键输入检测采用线反转法。首先把列线置成低电平,行线置成输入状态,读取行线,再把行线置成低电平,列线置成输入状态,读取列线。当有按键被按下时,由两次所读状态即可确定按键的位置,不需扫描,键盘的响应速度大大加快,如图 4-37 所示。

任务实施

一、绘制电路原理图

1. 绘制矩阵式按键原理图

矩阵式键盘数码管所需元器件和电路原理图分别如图 4-38、图 4-39 所示。矩阵式键盘的 8 个引脚接单片机的 P2 口。

2. 绘制单个数码管显示原理图

矩阵键盘控制数码管原理图如图 4-39 所示。

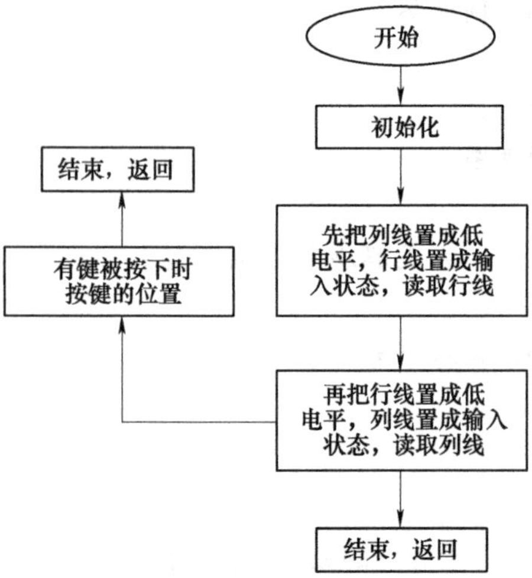

图 4-37 矩阵式按键输入的检测流程

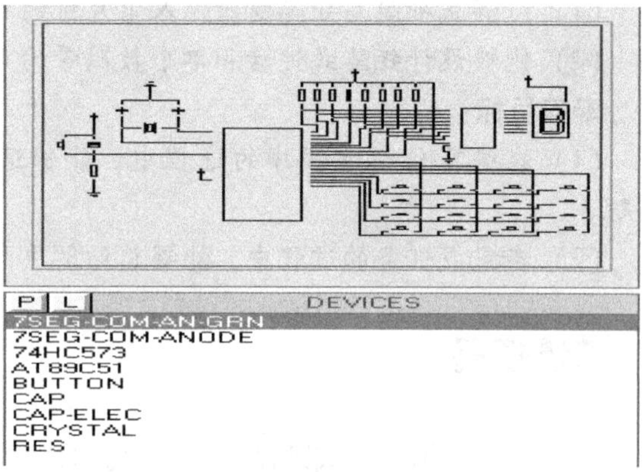

图 4-38 矩阵式键盘控制数码管所需元器件

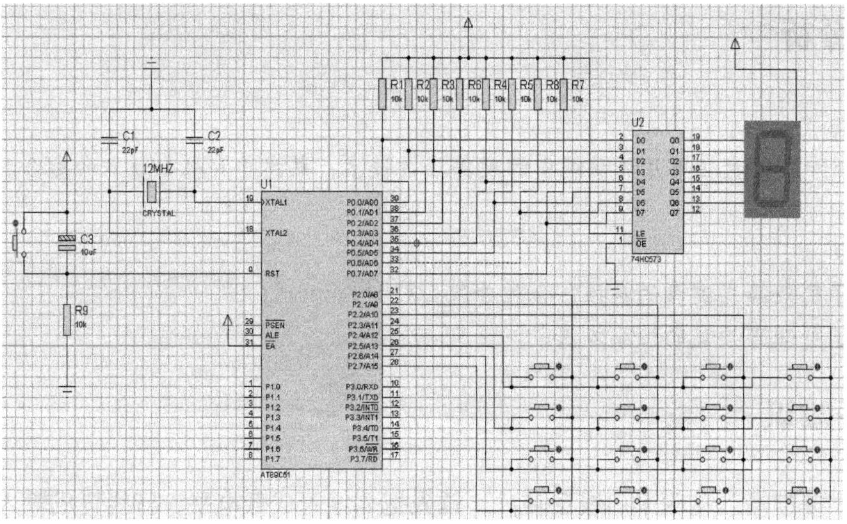

图 4-39 矩阵键盘控制数码管原理图

二、编写程序文件

运行 Keil 软件，设置单片机的类型为“AT89C52”，如图 4-40 所示，设置文件输出类型为 HEX 文件，如图 4-41 所示。

将 Keil 软件与 Proteus 软件进行联调，如图 4-42 所示，查看程序的运行结果，如图 4-43 所示。

```
#include <reg52. h>                //头文件,一般不需要改动
#include <intrins. h>              //头文件,一般不需要改动
#define uchar unsigned char        //定义数据类型
#define uint unsigned int
uint keynum=0;                     //定义全局变量
```

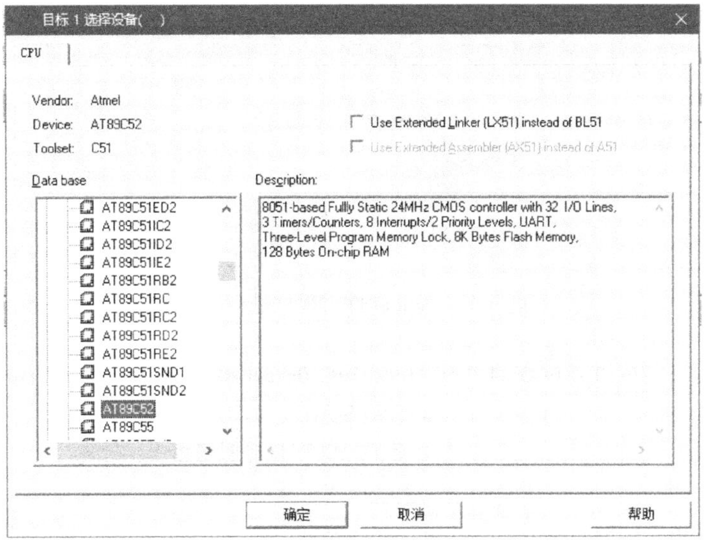

图 4-40　在 Keil 软件中选择单片机类型

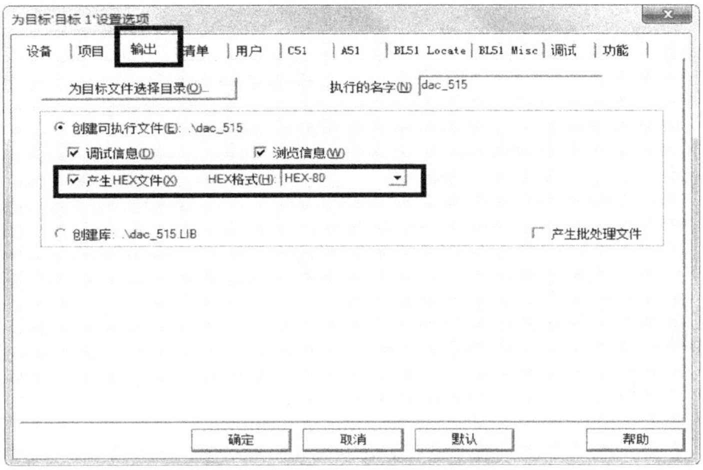

图 4-41　Keil 软件生成 HEX 文件

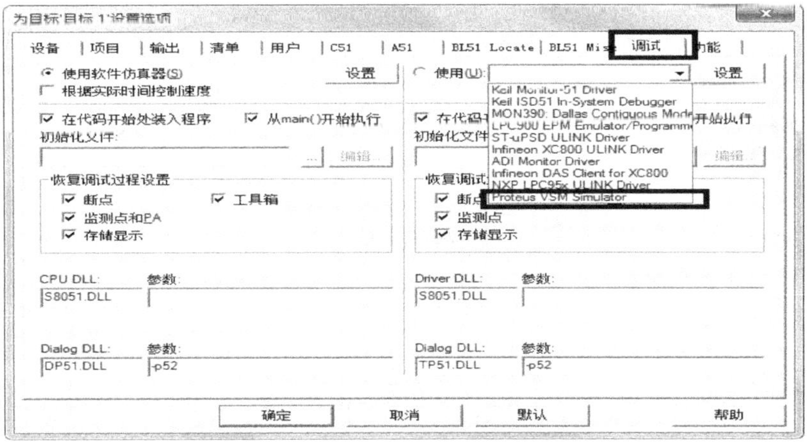

图 4-42　Keil 软件与 Proteus 软件进行联调

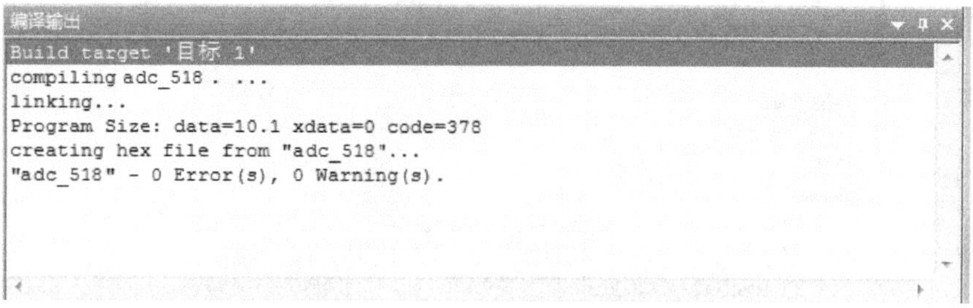

图 4-43　Keil 软件对程序进行编译

```
uchar code table[ ] = {0xc0,0xf9,0xa4,0xb0,0x99,0x92,0x82,0xf8,0x80,0x90,0x88,0x83,0xc6,0xa1,0x86,
0x8e};                                          //段码显示
void Delay20ms()                                //@ 12.000MHz 延时函数
{
    unsigned char i, j, k;
    _nop_();
    _nop_();
    i = 1;
    j = 234;
    k = 113;
    do
    {
        do
        {
            while (--k);
        } while (--j);
      } while (--i);
}
void key44scan(void);                           //声明子函数
void main()                                     //主函数
{
    while(1)
    {
    key44scan();                                //调用子函数
  }
}
void delay(unsigned int i)                      //延时函数
{
    while(i--);
}
void key44scan(void)                            //子函数
{
    uint t;
```

```
P2=0xfe;
t=P2;
t=t&0xf0;
if(t! =0xf0)
{
    Delay20ms();
    t=P2;

    switch(t)
    {
        case 0xee:keynum=1; break;
        case 0xde:keynum=5; break;
        case 0xbe:keynum=9; break;
        case 0x7e:keynum=13; break;
    }
    P0=table[keynum];
    while(t! =0xf0)
    {
        t=P2;
        t=t&0xf0;
    }
}
P2=0xfd;
t=P2;
t=t&0xf0;
if(t! =0xf0)
{
    Delay20ms();
    t=P2;
    switch(t)
    {
        case 0xed:keynum=2; break;
        case 0xdd:keynum=6; break;
        case 0xbd:keynum=10; break;
        case 0x7d:keynum=14; break;
    }
    P0=table[keynum];
    while(t! =0xf0)
    {
        t=P2;
        t=t&0xf0;
    }
}
```

```
    P2=0xfb;
    t=P2;
    t=t&0xf0;
    if(t!=0xf0)
    {
        Delay20ms();
        t=P2;
        switch(t)
        {
            case 0xeb:keynum=3; break;
            case 0xdb:keynum=7; break;
            case 0xbb:keynum=11; break;
            case 0x7b:keynum=15; break;
        }
        P0=table[keynum];
            while(t!=0xf0)
        {
             t=P2;
             t=t&0xf0;
        }
    }
    P2=0xf7;
    t=P2;
    t=t&0xf0;
    if(t!=0xf0)
    {
         Delay20ms();
        t=P2;

        switch(t)
        {
            case 0xe7:keynum=4; break;
            case 0xd7:keynum=8; break;
            case 0xb7:keynum=12; break;
            case 0x77:keynum=0; break;
        }
        P0=table[keynum];
        while(t!=0xf0)
        {
            t=P2;
            t=t&0xf0;
        }
    }
}
```

三、仿真运行

编写好程序文件后，生成 HEX 文件。在 Proteus 的单片机中加载该 HEX 文件，单击矩阵式按键的“6”按键，数码管显示数字“6”，如图 4-44 所示。

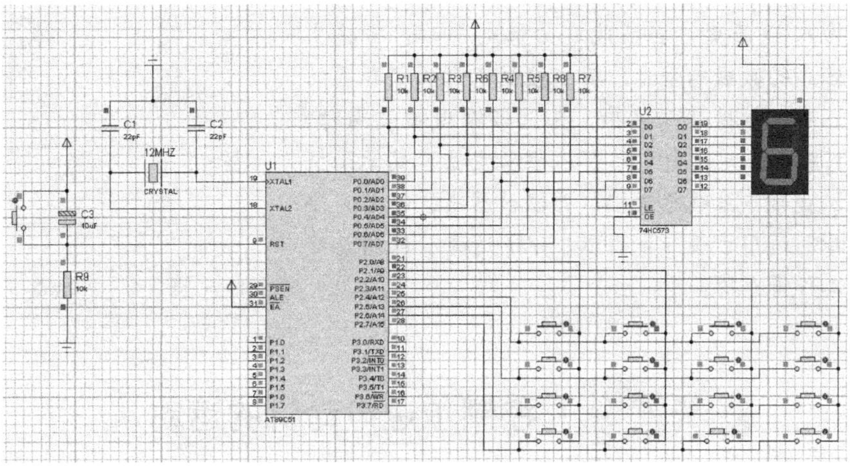

图 4-44 Proteus 软件实现矩阵式键盘控制数码管仿真

任务总结与评价

项目名称：		班级			
工作任务：		姓名		学号	
任务过程评价（100 分）					
序号	项目及技术要求	评分标准			得分
		优秀	良好	仍需努力	
1	简述单片机各个引脚的功能，得 10 分				
2	绘制单片机电路最小系统原理图正确，单片机能正常工作，得 10 分				
3	绘制矩阵键盘原理图正确，得 20 分				
4	绘制单个数码管锁存器正确，得 20 分				
5	编写单片机程序正确，数码管点亮正常，得 20 分				
6	编写单片机程序正确，按键正常使用，得 20 分				
总评		总分：			
		教师签字：			年 月 日

任务拓展

小知识窗：

如图 4-45 所示，74HC573 的八路锁存器都是透明的 D 型锁存器，当使能端（G）为高电平时，输出 Q 将随数据输入 D 而变。当使能端为低电平时，将输出锁存在已建立的数据电平上。输出控制不影响锁存器的内部工作，即旧数据可以保持，甚至当输出被关闭时，新数据也可以置入。这种电路可以驱动大电容或低阻抗负载，可以直接与系统总线接口并驱动总线，而不需要外接口。特别适用于缓冲寄存器、I/O 通道、双向总线驱动器和工作寄存器。

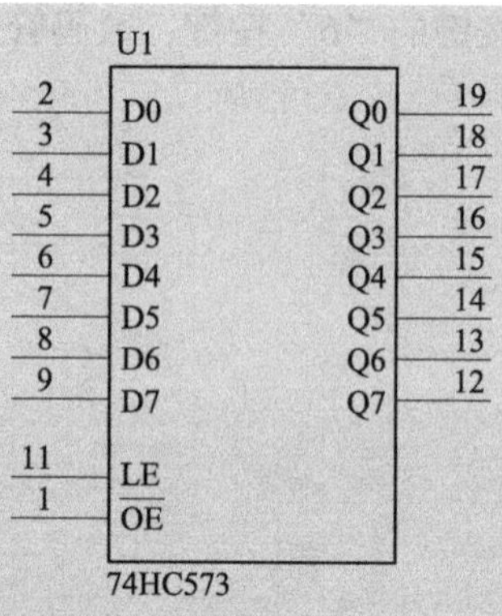

图 4-45　74HC573

任务 6　控制步进电动机的运动

学习目标

技能目标：

（1）能够熟练运用 Proteus 软件绘制单片机与步进电动机的电路图。

（2）能正确设计单片机与步进电动机的外围电路。

知识目标：

（1）能够正确编写单片机控制步进电动机的 C 语言程序。

（2）能够设计单片机与步进电动机的电路原理图。

素养目标：

（1）在编写 C 语言程序的过程中，能够通过协作的方式解决程序编译过程中遇到的问题。

（2）在完成任务的过程中，能够总结解决问题的途径与方法。

描述任务

本任务是利用单片机和单片机与步进电动机组成的系统，并在 Proteus 上模拟仿真出来。

任务分析

知识点：

学习步进电动机在单片机系统中的硬件接口技术，熟悉单片机 I/O 口的综合程序与调试方法。

技能点：

(1) 了解步进电动机的结构，绘制步进电动机与单片机 I/O 口的连接。

(2) 了解步进电动机的控制原理，合理编写单片机控制步进电动机的 C 语言程序。

必备知识

一、步进电动机的结构和工作原理

步进电动机主要是由定子和转子构成。它将输入的数字脉冲信号转换成电动机转轴的输出角度。

二、步进电动机的控制原理

步进电动机的角位移的大小及转速分别与输入的电脉冲数及其频率成正比。因此可以通过控制脉冲的个数来控制步进电动机的角位移量，也可以通过改变输入电脉冲的频率来实现调速。

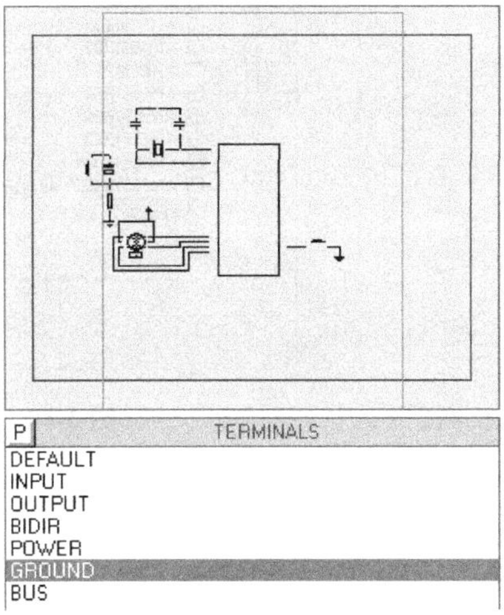

图 4-46　控制步进电动机所需元件表

任务实施

一、绘制电路原理图

步进电动机的元件表与电路原理图分别如图 4-46、图 4-47 所示。步进电动机的引脚接单片机的 P1 口。

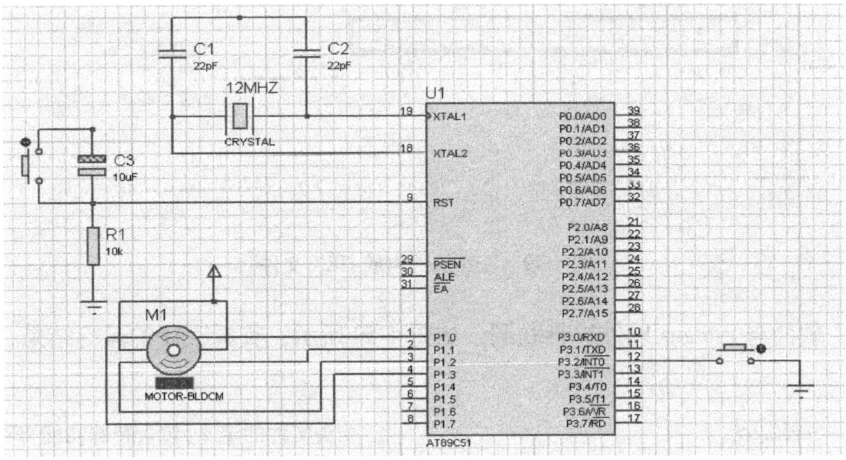

图 4-47　用 Proteus 绘制控制步进电动机电路原理图

二、编写程序文件

运行 Keil 软件，设置单片机的类型为“AT89C52”，如图 4-48 所示，设置文件的输出类型为“HEX 文件”，如图 4-49 所示。

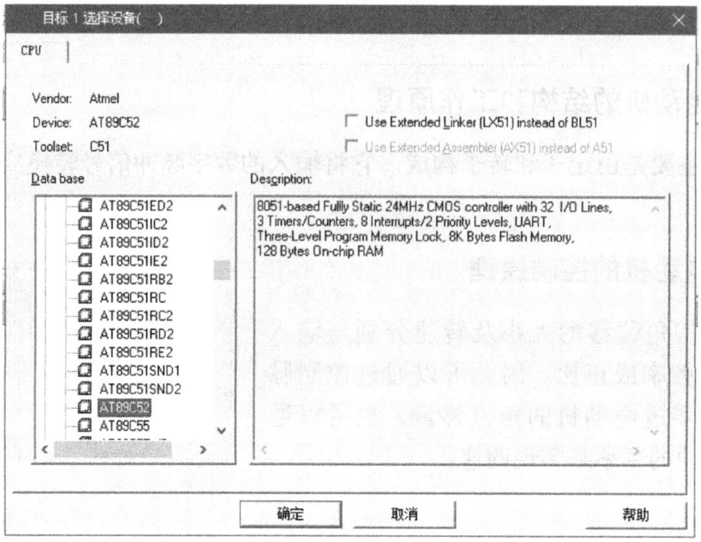

图 4-48　在 Keil 软件中选择单片机类型

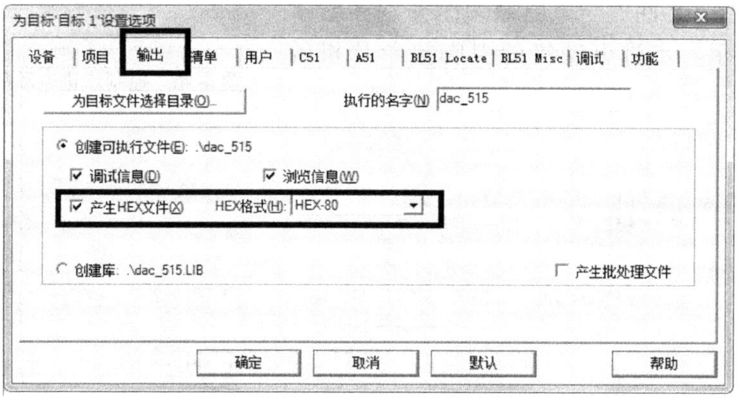

图 4-49　Keil 软件生成 HEX 文件

将 Keil 软件与 Proteus 软件进行联调，如图 4-50 所示，查看程序的运行结果，如图 4-51 所示。

```
#include <reg52. h>                    //头文件的定义,包含特殊功能寄存器,一般情
                                          况下不需要改动
sbit A1=P1^0;                          //使用 sbit 定义 I/O 口,相当于给 I/O 口换了名
```

图 4-50　Keil 软件与 Proteus 软件进行联调

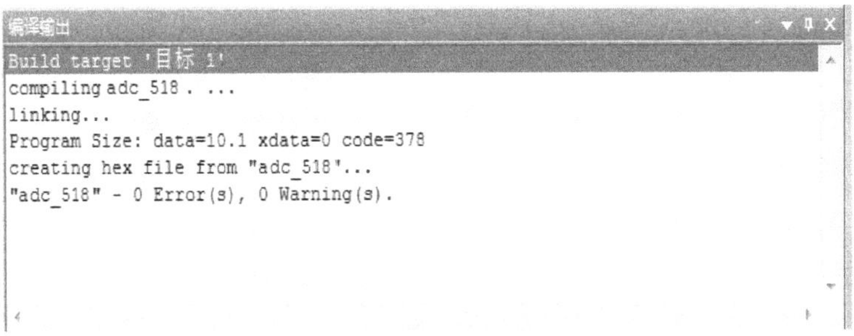

图 4-51　Keil 软件对程序进行编译

```
                                              字,P1^0 就等于 A1
sbit B1=P1^1;
sbit C1=P1^2;
sbit D1=P1^3;
#define Coil_AB1 {A1=1;B1=1;C1=0;D1=0;}      //AB 相通电,其他相断电
#define Coil_BC1 {A1=0;B1=1;C1=1;D1=0;}      //BC 相通电,其他相断电
#define Coil_CD1 {A1=0;B1=0;C1=1;D1=1;}      //CD 相通电,其他相断电
#define Coil_DA1 {A1=1;B1=0;C1=0;D1=1;}      //DA 相通电,其他相断电
#define Coil_A1 {A1=1;B1=0;C1=0;D1=0;}       //A 相通电,其他相断电
#define Coil_B1 {A1=0;B1=1;C1=0;D1=0;}       //B 相通电,其他相断电
#define Coil_C1 {A1=0;B1=0;C1=1;D1=0;}       //C 相通电,其他相断电
#define Coil_D1 {A1=0;B1=0;C1=0;D1=1;}       //D 相通电,其他相断电
#define Coil_OFF {A1=0;B1=0;C1=0;D1=0;}      //全部断电
```

```
unsigned char Speed;                                //定义全局变量
bit Flag;
void DelayUs2x(unsigned char t)                     //延时函数
{
while(--t);
}
void DelayMs(unsigned char t)
{

while(t--)                                          //延时函数
{
  DelayUs2x(245);
    DelayUs2x(245);
}
}
main()                                              //主函数
{
unsigned int i=512;                                 //旋转一周时间

EA=1;                                               //中断开
EX0=1;                                              //外部中断0开
IT0=1;                                              //1表示边沿触发

Speed=10;
while(1){
Coil_OFF
while((i--)&&Flag)                                  //正向
  {  Coil_A1
     DelayMs(Speed);
     Coil_AB1                                       //遇到Coil_AB1,用{A1=1;B1=1;C1=0;D1=
                                                      0;}代替
     DelayMs(Speed);                                //改变这个参数可以调整电动机的转速,数字
                                                      越小,转速越大,力矩越小

     Coil_B1
     DelayMs(Speed);
    Coil_BC1
    DelayMs(Speed);
     Coil_C1
    DelayMs(Speed);
    Coil_CD1
    DelayMs(Speed);
     Coil_D1
    DelayMs(Speed);
```

```
        Coil_DA1
        DelayMs(Speed);
      }
      Coil_OFF
      i=512;
      while((i--)&&(! Flag))//
      {
         Coil_A1
        DelayMs(Speed);
         Coil_DA1                              //遇到 Coil_AB1,用{A1=1;B1=1;C1=0;D1=
                                                 0;}代替
        DelayMs(Speed);                        //改变这个参数可以调整电动机的转速,数字
                                                 越小,转速越大,力矩越小
         Coil_D1
        DelayMs(Speed);
         Coil_CD1
        DelayMs(Speed);
        Coil_C1
        DelayMs(Speed);
        Coil_BC1
        DelayMs(Speed);
        Coil_B1
        DelayMs(Speed);
        Coil_AB1
        DelayMs(Speed);
      }
    }
}

void ISR_INT0(void) interrupt 0                //外部中断
{

if(! INT0)
   {
  DelayMs(10);                                 //可以在此处添加去抖程序,防止按键抖动造
                                                 成错误
  if(! INT0)
  //while(! INT1);                             //等待按键释放
     {
       Flag=! Flag;
     }
   }
}
```

三、仿真运行

编写好程序文件后，生成 HEX 文件。在 Proteus 的单片机中加载该 HEX 文件，单击“运行”按钮，步进电动机运转。用 Proteus 软件实现数字电压表仿真如图 4-52 所示。

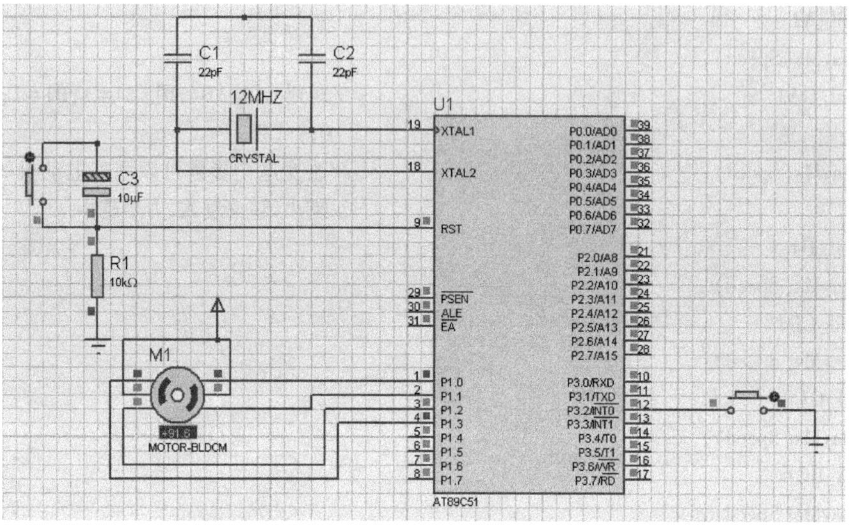

图 4-52　用 Proteus 软件实现数字电压表仿真

任务总结与评价

<table>
<tr><td colspan="2">项目名称：</td><td>班级</td><td colspan="3"></td></tr>
<tr><td colspan="2">工作任务：</td><td>姓名</td><td colspan="2"></td><td>学号</td></tr>
<tr><td colspan="6">任务过程评价（100分）</td></tr>
<tr><td rowspan="2">序号</td><td rowspan="2">项目及技术要求</td><td colspan="3">评分标准</td><td rowspan="2">得分</td></tr>
<tr><td>优秀</td><td>良好</td><td>仍需努力</td></tr>
<tr><td>1</td><td>简述单片机的引脚功能，得 10 分</td><td></td><td></td><td></td><td></td></tr>
<tr><td>2</td><td>绘制单片机电路最小系统原理图正确，得 10 分</td><td></td><td></td><td></td><td></td></tr>
<tr><td>3</td><td>绘制步进电动机电路图正确，得 30 分</td><td></td><td></td><td></td><td></td></tr>
<tr><td>4</td><td>编写单片机程序正确，步进电动机工作正常，得 50 分</td><td></td><td></td><td></td><td></td></tr>
<tr><td rowspan="2">总评</td><td rowspan="2"></td><td colspan="3">总分：</td><td></td></tr>
<tr><td colspan="3">教师签字：</td><td>年　月　日</td></tr>
</table>

任务拓展

小知识窗：

图 4-53　步进电动机

步进电动机是将电脉冲信号转变为角位移或线位移的开环控制电动机，如图 4-53 所示，是现代数字程序控制系统中的主要执行元件，应用极为广泛。在非超载的情况下，电动机的转速、停止位置只取决于脉冲信号的频率和脉冲数，而不受负载变化的影响，当步进驱动器接收到一个脉冲信号时，它就驱动步进电动机按设定的方向转动一个固定的角度，称为“步距角”，它的旋转是以固定的角度一步一步运行的。可以通过控制脉冲个数来控制角位移量，从而达到准确定位的目的；同时可以通过控制脉冲频率来控制电动机转动的速度和加速度，从而达到调速的目的。

模块5

5 单片机中断、计时、通信系统的应用

学习指南

单片机集成了非常丰富的I/O接口，但是仅有I/O接口难以满足多样的设计需求。在之前学习的单片机程序中，单片机运行逻辑都是在main（）函数中实现的，单片机会依次读取这些程序并将其存储在内存中加以运行，这便导致了无法实时地处理一些外部信号，如光电传感器信号、触碰开关信号等，因此单片机中提供了中断系统用于处理这类情况。

能力体系

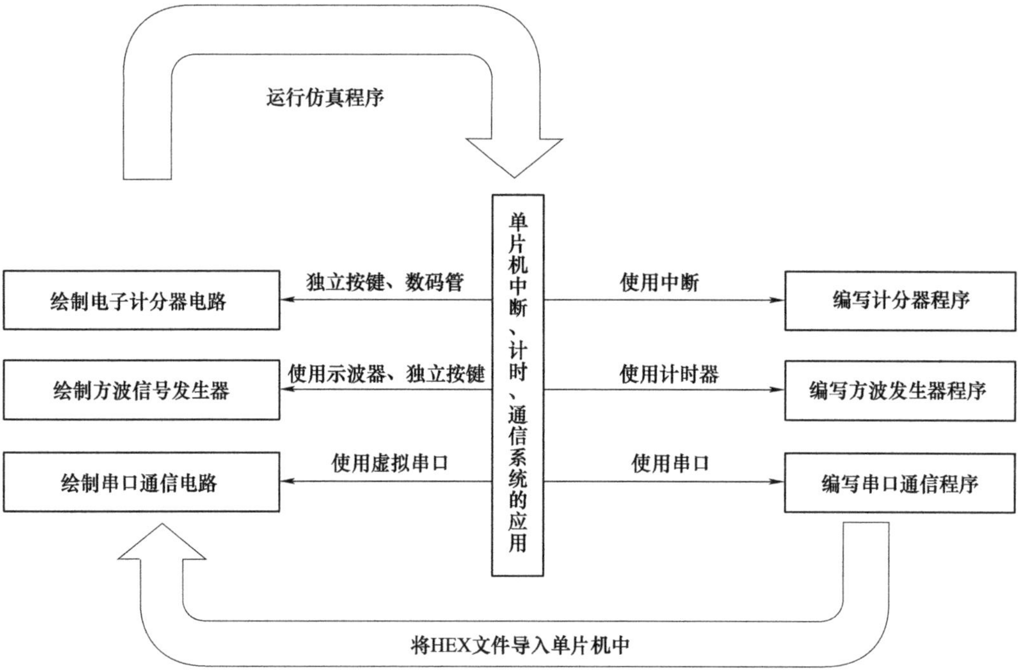

学习建议

可用资源 → PPT

学习方法 → 先从任务制作入手，了解单片机定时器、计时器、通信系统应用场景。针对任务中的疑问，深入学习理论知识，进而再去解决实训中的问题

任务 1　简易电子计分器

学习目标

技能目标：

(1) 能够熟练运用 Proteus 软件绘制电子计分器的电路图。

(2) 能正确地使用中断。

(3) 能够正确编写单片机电子计分器的 C 语言程序。

知识目标：

(1) 掌握中断的工作方式和原理。

(2) 掌握 AT89C51 单片机中断的相关寄存器功能。

素养目标：

(1) 在编写 C 语言程序的过程中，能够通过协作的方式解决程序编译过程中遇到的问题。

(2) 在完成任务的过程中，能够总结解决问题的途径与方法。

(3) 程序编写遵循 C 语言编码规范。

描述任务

本任务是利用单片机中断和独立按键制作的简易计分器，通过按键触发中断事件，对触发次数进行记录并在数码管上显示出来，也就是制作一个简易计分器。如图 5-1 所示的投篮机，每次投中后会触发篮筐内的触碰开关，数码管显示的计数则会加 1。在本任务中使用按键来代替触碰开关模拟这样的场景。

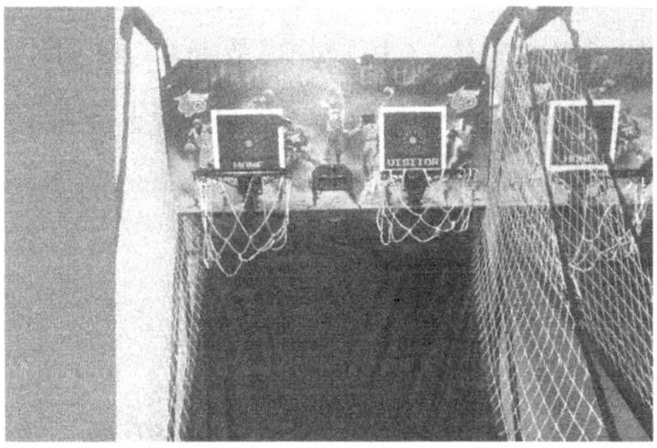

图 5-1　投篮机

任务分析

知识点：

学习单片机中断知识，掌握中断的分类、配置方式、应用和触发条件。

技能点：

(1) 使用锁存器控制数码管，以减少单片机 I/O 口的占用。

(2) 正确配置单片机外部中断。

必备知识

一、中断的概念

中断是指在 CPU 运行过程中，出现某些意外情况需要主机干预时，机器能自动停止正在运行的程序并转去处理新情况的程序，处理完毕后又返回至被暂停的原程序继续运行。

产生中断的请求源被称为中断源，中断源向 CPU 提出的处理请求被称为中断请求或中断申请。CPU 暂时中止当前的事件，转去处理中断请求所对应的事件称为 CPU 的中断响应过程，对事件的整个处理过程称为中断服务（中断处理）。处理完毕后，返回到原先被中止的地方称为中断返回，如图 5-2 所示。

中断服务嵌套是指中断系统正在执行一个中断服务时，有另一个优先级更高的中断提出中断请求，这时会暂时终止当前正在执行的级别较低的中断源的服务程序，转去处理级别更高的中断源，待处理完毕，再返回到被中断了的中断服务程序处继续执行，这个过程就是中断嵌套。

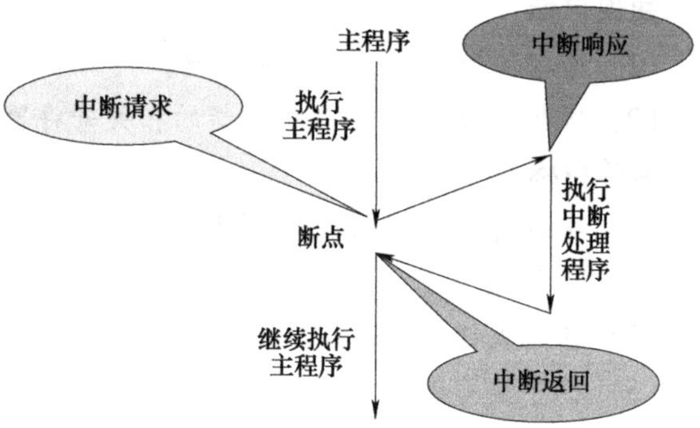

图 5-2　中断流程

随着计算机技术的应用，人们发现中断技术不仅解决了快速主机与慢速 I/O 设备的数据传送问题，而且具有如下优点：

（1）分时操作　CPU 可以分时为多个 I/O 设备服务，这样就提高了计算机的利用率。

（2）实时响应　CPU 能够及时处理应用系统中发生的随机事件，使系统的实时性大大增强。

（3）可靠性高　CPU 具有处理设备故障及掉电等突发性事件的能力，从而使系统的可靠性提高。

二、AT89C51 中断系统

1. 中断系统简介

AT89C51 的中断系统有 5 个中断源，2 个优先级，可实现二级中断嵌套，其结构如图 5-3 所示。

$\overline{\text{INT0}}$：外部中断 0 请求，低电平有效。

$\overline{\text{INT1}}$：外部中断 1 请求，低电平有效。

T0：定时器/计数器 0 溢出中断请求。

T1：定时器/计数器 1 溢出中断请求。

TXD/RXD：串口中断请求，当串口发送/接收完一帧数据时，便请求中断。

TCON：定时器/计数器控制寄存器，可以通过设置此寄存器里的相关位，让定时器开启或关闭（TR0、TR1 为 1 时开启，为 0 时关闭），可以在主程序中通过查询其中的相关位（TF1、TF0 为 1 时溢出，为 0 时没有溢出）知道定时有没有溢出。P3. 2、P3. 3 端口可由 IT0

(TCON.0)，IT1 (TCON.2) 选择其为低电平有效还是下降沿有效。当 CPU 检测到引脚上出现有效的中断信号时，中断标志 IE0 (TCON.1)、IE1 (TCON.3) 置 1，向 CPU 申请中断。

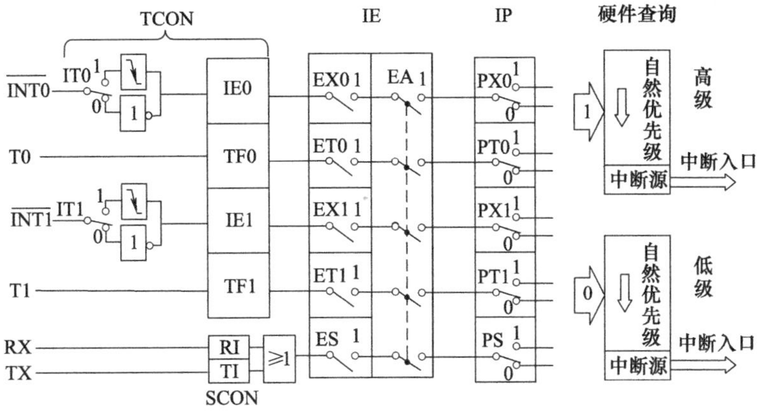

图 5-3　中断结构

TMOD：定时器/计数器工作方式控制寄存器，通过对这个寄存器不同的位可以设置让 T0/T1 是定时还是计数方式，是 13 位计数、16 位计数还是 8 位自计数，定时的启动是通过定时开关自身启动还是通过外部中断进行启动。

$\overline{INT0}/\overline{INT1}$是两个外部中断，T0/T1、TXD/RXD 是 3 个内部中断。

2. 中断请求标志

(1) TCON 的中断标志（表 5-1）

表 5-1　TCON 的中断标志

位	7	6	5	4	3	2	1	0	
字节地址：88H	TF1	TR1	TF0	TR0	IE1	IT1	IE0	IT0	TCON

IT0 (TCON.0)，外部中断 0 触发方式控制位。当 IT0=0 时，为电平触发方式；当 IT0=1 时，为边沿触发方式（下降沿有效）。

IE0 (TCON.1)，外部中断 0 中断请求标志位。

IT1 (TCON.2)，外部中断 1 触发方式控制位。

IE1 (TCON.3)，外部中断 1 中断请求标志位。

TF0 (TCON.5)，定时器/计数器 T0 溢出中断请求标志位。

TF1 (TCON.7)，定时器/计数器 T1 溢出中断请求标志位。

(2) SCON 的中断标志（表 5-2）

表 5-2　SCON 的中断标志

位	7	6	5	4	3	2	1	0	
字节地址：98H							TI	RI	SCON

RI (SCON.0)，串行口接收中断标志位。当允许串行口接收数据时，每接收完一个串行帧，由硬件置位 RI。注意，RI 必须由软件清除。

TI (SCON.1)，串行口发送中断标志位。当 CPU 将一个发送数据写入串行口发送缓冲器时，就启动了发送过程。每发送完一个串行帧，由硬件置位 TI。当 CPU 响应中断请求时，不能自动清除 TI，TI 必须由软件清除。

3. 中断的控制

（1）中断允许控制　CPU 对中断系统所有中断以及某个中断源的开放和屏蔽是由中断允许寄存器 IE 控制的，见表 5-3。

表 5-3　中断允许寄存器 IE

位	7	6	5	4	3	2	1	0	
字节地址：A8H	EA			ES	ET1	EX1	ET0	EX0	IE

EX0（IE.0），外部中断 0 允许位。

ET0（IE.1），定时器/计数器 T0 中断允许位。

EX1（IE.2），外部中断 0 允许位。

ET1（IE.3），定时器/计数器 T1 中断允许位。

ES（IE.4），串行口中断允许位。

EA（IE.7），CPU 中断允许（总允许）位。

（2）中断优先级控制　AT89C51 单片机有两个中断优先级，即可实现二级中断服务嵌套。每个中断源的优先级都是由中断优先级寄存器 IP 中相应位的状态来规定的。

小知识窗：

AT89C52 单片机有 6 个中断源，额外多一个 T2 定时器。AT89C52 单片机有 4 个中断优先级，即可实现四级中断服务嵌套。每个中断源的中断优先级由中断优先级寄存器 IP 和 IPH 中相应位的状态来规定。目前，市场上单片机型号众多，不同型号的单片机中断源的数量也不一样，要根据产品手册上面的数据来判断中断源的数量和类型。

PX0（IP.0）外部中断 0 优先级设定位。

PT0（IP.1）定时器/计数器 T0 优先级设定位。

PX1（IP.2）外部中断 1 优先级设定位。

PT1（IP.3）定时器/计数器 T1 优先级设定位。

PS（IP.4）串行口优先级设定位。

PT2（IP.5）定时器/计数器 T2 优先级设定位。

AT89C51 单片机的中断优先级有三条原则：当 CPU 同时接收到几个中断请求时，首先响应优先级最高的中断源的中断请求；正在进行的中断过程不能被新的同级或低优先级的中断请求所中断；正在进行的低优先级中断服务，能被高优先级的中断请求所中断。

4. 外部中断的初始化

（1）中断响应条件　中断源有中断请求；此中断源的中断允许位为 1；CPU 开中断（即 EA=1）。以上三个条件同时满足时，CPU 才有可能响应中断请求。根据以上条件以外部中断的初始化举例：

```
EA=1;            //全局中断开
EX0=1;           //外部中断 0 开
IT0=1;           //边沿触发
EX1=1;           //外部中断 1 开
IT1=0;           //低电平触发
```

（2）中断服务程序 格式如下：

```
void 函数名（）interrupt 中断号 using 工作组
{
    中断服务内容
}
```

例如：

```
void  Fun_ EX0（）interrupt 0 using 0
{
    P1=0x00;
}
```

其中 using 可以省略。

任务实施

一、绘制电路原理图

1. 电路设计

简易电子计分器电路原理图如图 5-4 所示。在该电路中，数码管显示电路使用了两个

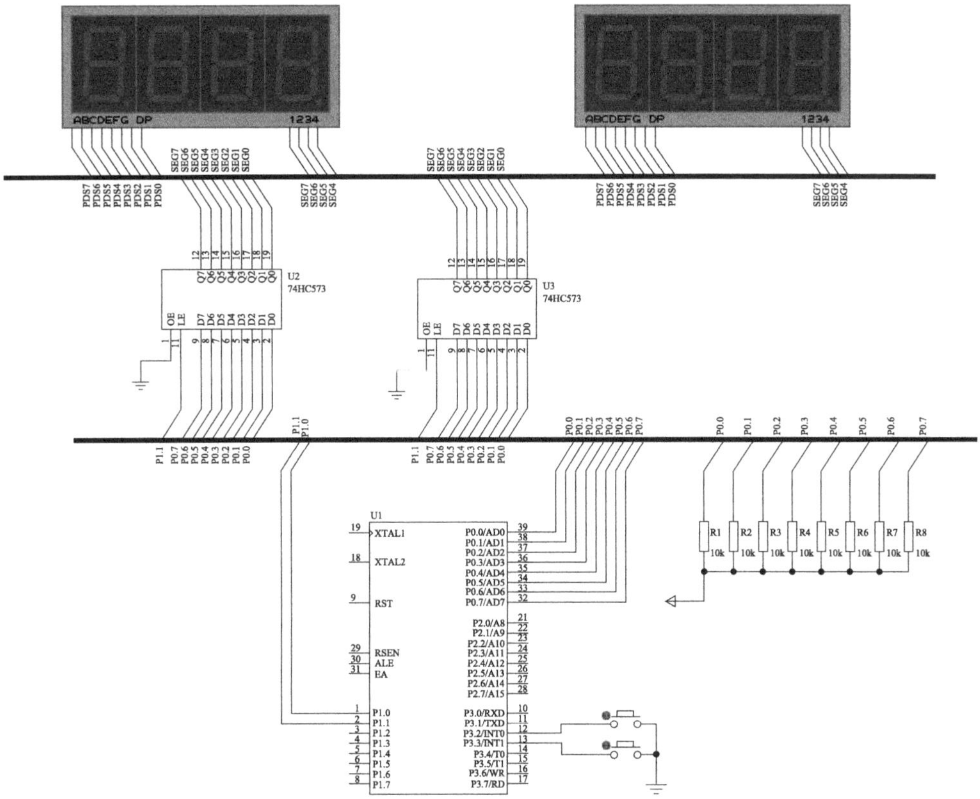

图 5-4 简易电子计分器电路原理

四段共阴极数码管分别显示两个队伍的分值，单片机通过锁存器 74HC573 控制数码管，其中 P0 口接上拉电阻后作为输出口传递显示数据。P1.0、P1.1 分别控制段选、位选锁存器的使能端 LE。两个按键分别接单片机的外部中断引脚 0、1（P3.2、P3.3），另一端接地。

2. 计分器的工作过程

两个数码管初始显示三位数“000”，设置两个中断源的触发方式为“下降沿触发”，当连接外部中断引脚的按键被按下时，引脚电平由“高”变“低”触发中断，程序内部计分变量加 1，数码管动态显示实时刷新会将实时分数显示在数码管上。

二、编写程序文件

运行 Keil 软件，新建项目设置单片机的类型为“AT89C51”，设置文件的输出类型为“HEX 文件”，将 Keil 软件与 Proteus 软件进行联调。

```
//简易电子计分器 C 语言程序如下:
#include <reg52.h>


sbit duan = P1^0;                                                //段选使能控制
sbit wei = P1^1;                                                 //位选使能控制


unsigned chars scoreA;                                           //分数 A
unsigned chars scoreB;                                           //分数 B


unsigned char code num_code[ ] =
{0xfc,0x60,0xda,0xf2,0x66,0xb6,0xbe,0xe0,0xfe,0xf6};             //数字显示编码
unsigned char code wei_code[ ] = {0x7f,0xbf,0xdf,0xfb,0xfd,0xfe}; //位显示编码


void display( );                                                 //声明显示子函数


void Delay100us(unsigned int t)                                  //延迟函数
{
    unsigned int i;
    ;;
    i = 47 * t;
    while (--i);
}
void init( )                                                     //初始化函数
{
    scoreA = 0;
```

```
    scoreB = 0;
    duan = 0;
    wei = 0;
}
void initInt()                                    //初始化中断函数
{
EA=1;                                             //全局中断开
EX0=1;                                            //外部中断0开
IT0=1;                                            //边沿触发
EX1=1;                                            //外部中断1开
IT1=1;                                            //IT1=1表示边沿触发
}
void main()
{
    init();
    initInt();
    while(1)
    {
        display();                                //数码管实时刷新
    }
}
//外部中断0服务函数
void interrupt0(void)interrupt 0
{
    scoreA++;
}
//外部中断1服务函数
void interrupt1(void)interrupt 2
{
    scoreB++;
}
void display()
{
    unsigned char temp = 0;
    unsigned char i = 0;

    for(i = 0;i<6;i++)
    {
```

```
        //设置位选
        P0 = wei_code[i];
        wei = 1;
        wei = 0;
        //数据处理
        if(i < 3)
        {
            temp = scoreA;
        }
        else
        {
            temp = scoreB;
        }
        if(i==0||i==3)
        {
            P0 = num_code[temp/100];
        }
        else if(i==1||i==4)
        {
            P0 = num_code[temp%100/10];
        }
        else if(i==2||i==5)
        {
            P0 = num_code[temp%10];
        }
        //设置位选
        duan = 1;
        duan = 0;
        Delay100us(3);
        //消隐处理
        P0 = 0x00;
        duan = 1;
        duan = 0;
    }
}
```

三、仿真运行

编写好程序文件后，生成 HEX 文件。在 Proteus 的单片机中加载该 HEX 文件，单击“运行”按钮，分别按两个按键来测试分值的改变，效果如图 5-5 所示。

用到的元器件名称：AT89C51（单片机）、74HC573（锁存器）、7SEG-MPX4-CC（7 段、4 位共阴数码管）、BUTTON（按键）和 RES（电阻）等。

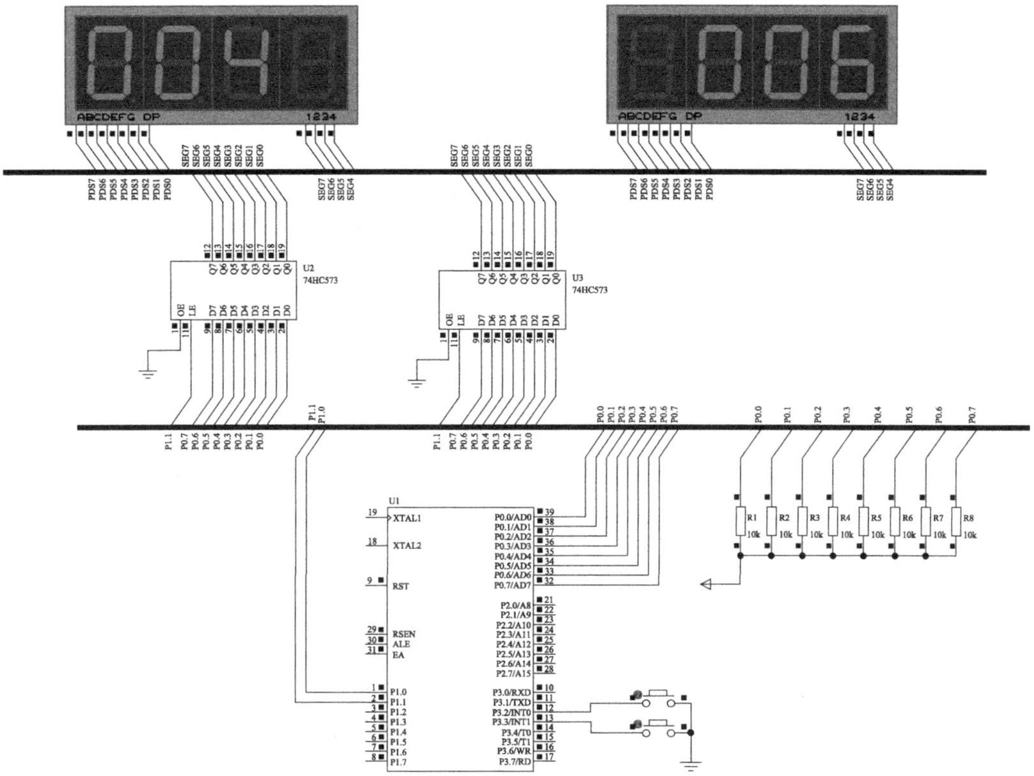

图 5-5 简易电子计分器仿真效果

任务总结与评价

<table>
<tr><td colspan="2">项目名称：</td><td>班级</td><td colspan="3"></td></tr>
<tr><td colspan="2">工作任务：</td><td>姓名</td><td colspan="2"></td><td>学号</td></tr>
<tr><td colspan="6">任务过程评价（100 分）</td></tr>
<tr><td rowspan="2">序号</td><td rowspan="2">项目及技术要求</td><td colspan="3">评分标准</td><td rowspan="2">得分</td></tr>
<tr><td>优秀</td><td>良好</td><td>仍需努力</td></tr>
<tr><td>1</td><td>简述中断的定义及 51 单片机中断的种类，得 10 分</td><td></td><td></td><td></td><td></td></tr>
<tr><td>2</td><td>说出 51 单片机中断的优先级及外部中断的触发方式，得 10 分</td><td></td><td></td><td></td><td></td></tr>
<tr><td>3</td><td>绘制简易电子计分器电路正确，得 30 分</td><td></td><td></td><td></td><td></td></tr>
<tr><td>4</td><td>编写单片机程序正确，得 30 分</td><td></td><td></td><td></td><td></td></tr>
<tr><td>5</td><td>能够正确描述数码管的工作过程，得 20 分</td><td></td><td></td><td></td><td></td></tr>
<tr><td rowspan="2">总评</td><td rowspan="2"></td><td colspan="3">总分：</td><td></td></tr>
<tr><td colspan="3">教师签字：</td><td>年 月 日</td></tr>
</table>

任务拓展

小知识窗：

（1）消抖　在使用按键接外部中断引脚时，同样会出现抖动现象，在实际应用中应避免使用会抖动的按键接外部中断引脚，如无法避免应同样进行程序消抖，但是在Proteus中因为不是真正的物理按键，所以可以忽略这种情况的发生。

（2）数码管消隐　在实际电路中进行数码管的动态显示时，不亮的段可能会显示微弱的暗红色而影响显示效果，这就需要在程序中进行消隐处理，同样这种现象不会在仿真中出现。

隐红的出现：

1）段码改变时，位码未变，在位码变化之前，会在输出前一个位码处产生残影。

2）位码发生变化时，如先使锁存器74HC573有效，则段码在位码写入之前会在新的位码处产生残影。

消除方法：位码改变时，先将下一个位码写入P0口，再使锁存器74HC573有效，则可消除此种残影。

任务2　方波信号发生器

学习目标

技能目标：

（1）能够熟练运用Proteus软件绘制方波信号发生器的电路图。

（2）能正确使用单片机定时器。

（3）能够正确编写方波信号发生器的C语言程序。

知识目标：

（1）能够掌握单片机定时器的工作原理。

（2）能够掌握单片机定时器相关寄存器的配置方式。

（3）能够掌握单片机定时器初值的计算。

素养目标：

（1）在编写C语言程序的过程中，能够通过协作的方式解决程序编译过程中遇到的问题。

（2）在完成任务的过程中，能够总结解决问题的途径与方法。

（3）程序编写遵循C语言编码规范。

描述任务

通过AT89C51单片机执行指定的波形程序，向DAC0832的输入端按一定的规律发送数据，从而在 D/A 转换电路的输出端得到相应的电压波形。本任务以按键控制单片机系统，通过 DAC0832 输出正弦波、三角波和方波。

✔任务分析

知识点：

学习单片机内部定时器的工作原理，掌握定时器的配置以及使用方式，学会在实际应用中使用单片机定时器。

技能点：

（1）能够完成 Proteus 软件仿真中方波发生器的调试。

（2）能够正确使用按键修改方波占空比（高电平时间占总时间的比例）。

必备知识

一、AT89C51 定时器/计数器简介

实现定时功能的方法有很多种：

（1）软件定时　软件定时不占用硬件资源，但占用了 CPU 时间，降低了 CPU 的利用率。

（2）采用时基电路定时　例如采用 555 电路，外接必要的元器件（电阻和电容），即可构成硬件定时电路。但是，在硬件连接好以后，定时值与定时范围不能由软件进行控制和修改，即不可编程。

（3）采用可编程芯片定时　这种定时芯片的定时值及定时范围很容易用软件来确定和修改，此种芯片的定时功能强，使用灵活。在单片机的定时器/计数器数目不够用时，可以考虑进行扩展。

相比于上述方案，使用单片机内部的定时器更加简单易用。

定时器/计数器的实质是加 1 计数器（16 位），由高 8 位和低 8 位两个寄存器组成。TMOD 是定时器/计数器的工作方式寄存器，可以确定工作方式和功能；TCON 是控制寄存器，可以控制 T0、T1 的启动和停止及设置溢出标志，如图 5-6 所示。

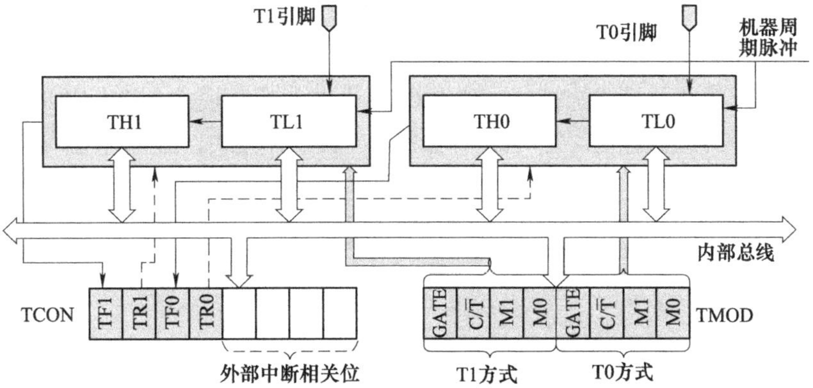

图 5-6　定时器/计数器仿真效果

二、AT89C51定时器/计数器的工作原理

加1计数器输入的计数脉冲有两个来源：一个是由系统的时钟振荡器输出脉冲经12分频后得到；另一个是经T0或T1引脚输入的外部脉冲源。每来一个脉冲，计数器自动加1，当加到计数器为全1时，再输入一个脉冲就能使计数器回0，且计数器的溢出使TCON中TF0或TF1置1，向CPU发出中断请求（定时器/计数器中断允许时）。如果定时器/计数器工作在定时模式，则表示定时时间已到；如果工作在计数模式，则表示计数值已满。可见，由溢出时计数器的值减去计数初值才是加1计数器的计数值。

设置为定时器模式时，加1计数器是对内部的机器周期计数（1个机器周期等于12个振荡周期，即计数频率为晶振频率的1/12）。计数值N乘以机器周期T_{cy}就是定时时间t。

设置为计数器模式时，外部事件计数脉冲由T0或T1引脚输入到计数器。在每个机器周期的S5P2期间，采样T0、T1引脚的电平。当某周期采样到一个高电平输入，而下一个周期又采样到一个低电平时，则计数器加1，更新的计数值在下一个机器周期的S3P1期间装入计数器。由于检测一个从1到0的下降沿需要两个机器周期，因此要求被采样的电平至少要维持一个机器周期。当晶振频率为12MHz时，最高计数频率不超过1/2MHz，即计数脉冲的周期要大于2μs。

三、定时器/计数器的控制

AT89C51单片机定时器/计数器的工作由两个特殊功能寄存器控制。其中，TMOD用于设置其工作方式；TCON用于控制其启动和中断申请。

1. 工作方式寄存器TMOD

工作方式寄存器TMOD用于设置定时器/计数器的工作方式，其中低四位用于T0，高四位用于T1。其格式见表5-4。

表5-4　TMOD格式

位	7	6	5	4	3	2	1	0	
字节地址：89H	GATE	$C/\overline{T}$	M1	M0	GATE	$C/\overline{T}$	M1	M0	TMOD

GATE：门控位。当GATE=0时，只要用软件使TCON中的TR0或TR1为1，就可以启动定时器/计数器工作；当GATA=1时，要用软件使TR0或TR1为1，同时外部中断引脚也为高电平时，才能启动定时器/计数器工作，即此时定时器的启动多了一条件。

$C/\overline{T}$：定时器/计数器模式选择位，其中$C/\overline{T}=0$时为定时模式；$C/\overline{T}=1$时为计数模式。

M1、M0：工作方式设置位。定时器/计数器有4种工作方式，由M1、M0进行设置，见表5-5。

表5-5　定时器的工作方式

M1、M0	工作方式	说　明
00	方式0	13位定时器/计数器
01	方式1	16位定时器/计数器
10	方式2	8位自动重装定时器/计数器
11	方式3	T0分为两个独立的8位定时器/计数器，T1此方式停止计数

2. 控制寄存器 TCON

TCON 的低 4 位用于控制外部中断，已在前面介绍。TCON 的高 4 位用于控制定时器/计数器的启动和中断申请。其格式见表 5-6。

表 5-6 TCON 格式

位	7	6	5	4	3	2	1	0	
字节地址：88H	TF1	TR1	TF0	TR0					TCON

TF1（TCON.7）：T1 溢出中断请求标志位。T1 计数溢出时，由硬件自动置 TF1 为 1。CPU 响应中断请求后 TF1 由硬件自动清 0。T1 工作时，CPU 可随时查询 TF1 的状态。所以，TF1 可用作查询测试的标志。TF1 也可以用软件置 1 或清 0，同硬件置 1 或清 0 的效果一样。

TR1（TCON.6）：T1 运行控制位。TR1 置 1 时，T1 开始工作；TR1 置 0 时，T1 停止工作。TR1 由软件置 1 或清 0。所以，用软件可控制定时器/计数器的启动与停止。

TF0（TCON.5）：T0 溢出中断请求标志位，其功能与 TF1 类同。

TR0（TCON.4）：T0 运行控制位，其功能与 TR1 类同。

四、定时器/计数器的工作方式

1. 方式 0

方式 0 为 13 位计数，由 TL0 的低 5 位（高 3 位未用）和 TH0 的 8 位组成。TL0 的低 5 位溢出时向 TH0 进位，TH0 溢出时置位 TCON 中的 TF0 标志，向 CPU 发出中断请求。如图 5-7 所示。

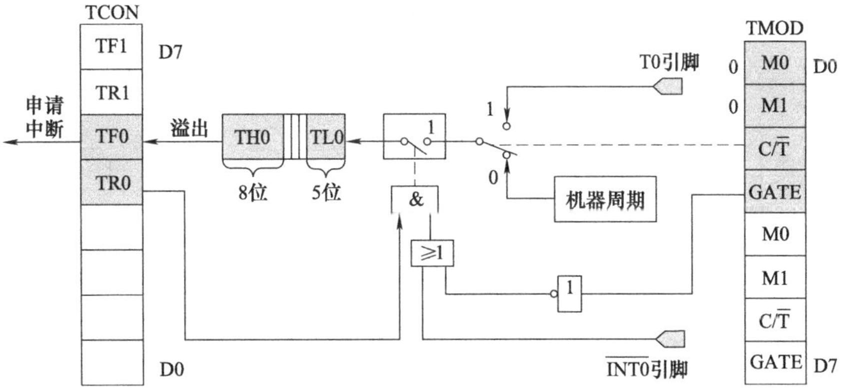

图 5-7 定时器工作方式 0

定时器模式时有 $N=t/T_{cy}$，计数初值的计算公式为：$X=2^{13}-N$。定时器的初值还可以采用计数个数直接取补法获得。

计数器模式时，计数脉冲是 T0 引脚上的外部脉冲。

门控位 GATE 具有特殊的作用。当 GATE = 0 时，经反相后使或门输出为 1，此时仅由 TR0 控制与门的开启，与门输出 1 时，控制开关接通，计数开始；当 GATE = 1 时，由外部中断引脚信号控制或门的输出，此时控制与门的开启由外部中断引脚信号和 TR0 共同控制。当 TR0 = 1 时，外部中断引脚信号高电平启动计数，外部中断引脚信号的低电平停止计数。这种方式常用来测量外部中断引脚上正脉冲的宽度。

2. 方式 1

方式 1 的计数位数是 16 位，由 TL0 作为低 8 位、TH0 作为高 8 位，组成了 16 位加 1 计数器，如图 5-8 所示。其计数个数与计数初值的关系为：$X=2^{16}-N$。

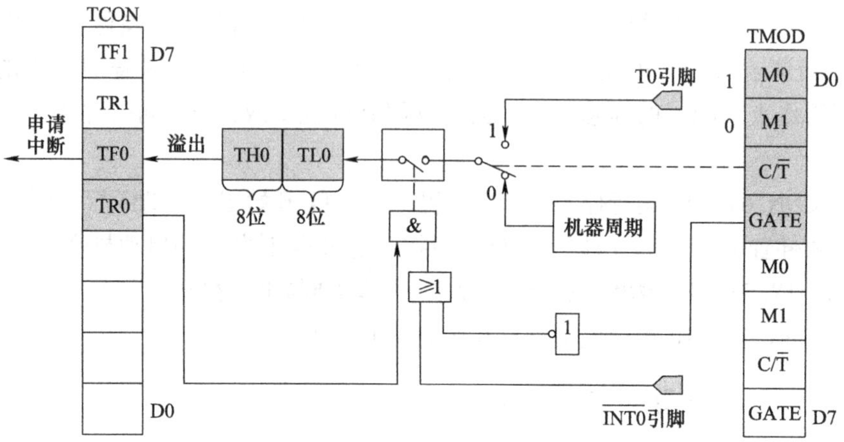

图 5-8　定时器工作方式 1

3. 方式 2

方式 2 为自动重装初值的 8 位计数方式。其计数个数与计数初值的关系为：$X=2^{8}-N$，如图 5-9 所示。工作方式 2 特别适合于用作较精确的脉冲信号发生器。

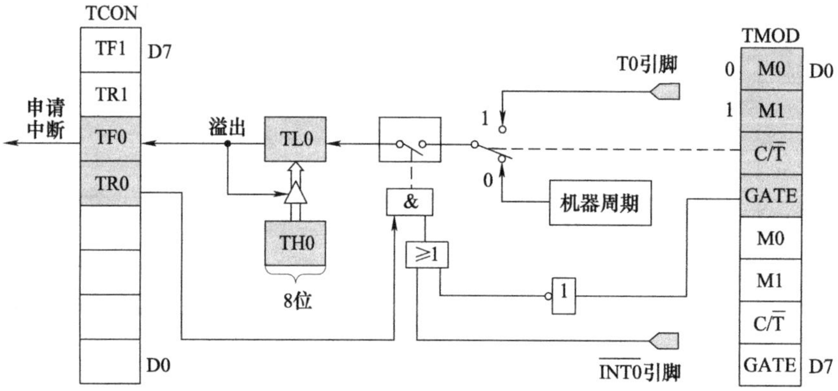

图 5-9　定时器工作方式 2

4. 方式 3

方式 3 只适用于定时器/计数器 T0，定时器 T1 处于方式 3 时相当于 TR1 = 0，停止计数。工作方式 3 将 T0 分成两个独立的 8 位计数器 TL0 和 TH0，如图 5-10 所示。

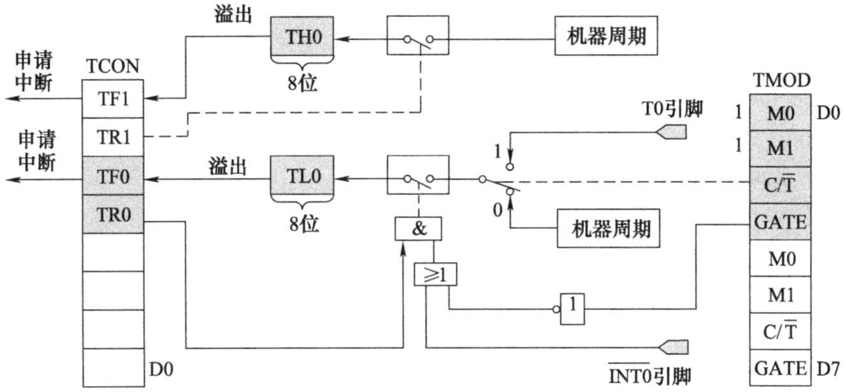

图 5-10　定时器工作方式 3

任务实施

一、绘制原理图

方波信号发生器的元器件设置与电路原理如图 5-11、图 5-12 所示。波形占空比调整按钮连接到 P1.0 和 P1.1。P1.2 作为信号输出口。该电路用到的元器件包括：AT89C51（单片机），BUTTON（按键）。从图 5-12 所示位置选择示波器测量输出波形。

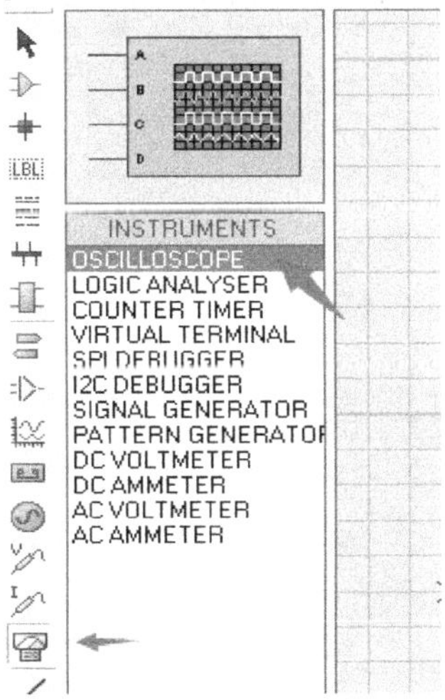

图 5-11　方波信号发生器元器件设置

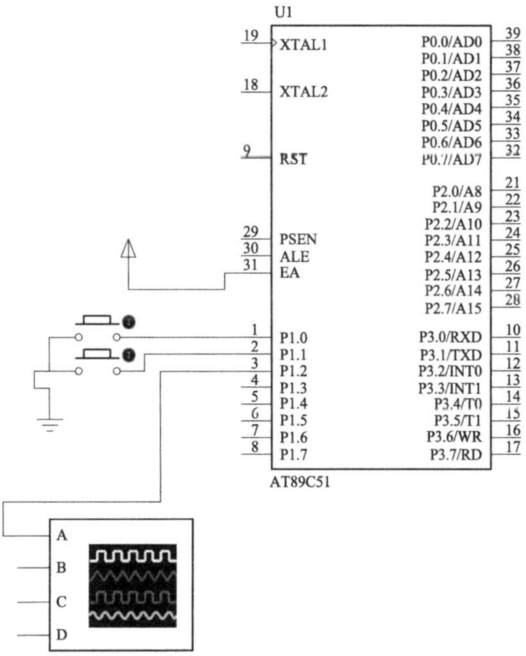

图 5-12　方波信号发生器电路原理图

二、编写程序

程序如下：

```
#include  <reg52.h>
//#include "stc89c52.h"

//定义引脚
sbit kPlus = P1^0;                 //增加高电平时间
sbit kReduce = P1^1;               //缩短高电平时间
sbit Pwm = P1^2;                   //PWM 输出引脚

//控制周期,设置周期时长
#define TimeTotal 1350

//计时用变量
unsigned int t;
//高电平时间
int highTime;

//独立按键按下状态枚举
typedef enum_keyVal{
keyValueNone,                      //无按键按下
keyValuePlus,                      //加按下
keyValueReduce                     //减按下
}KeyValue;

//函数声明
/*
 * 函数名:initPin()
 * 功能:初始化引脚
 * 参数:无
 * 返回值:无
 */
void initPin();
/*
 * 函数名:initTimer()
 * 功能:初始化定时器
 * 参数:无
 * 返回值:无
 */
```

```
void initTimer();
/*
  * 函数名:scanKey()
  * 功能:独立按键扫描
  * 参数:无
  * 返回值:KeyValue   按键状态
  */
KeyValue scanKey();

//简单延时函数
void delay(unsigned int t)
{
    unsigned int a,b;
    for(a=0;a<t;a++)
        for(b=0;b<200;b++);
}

//主函数
void main()
{
    initPin();
    initTimer();

    while(1)
    {
        KeyValue val = scanKey();                  //扫描按键

        //判断按键状态
        switch(val)
        {
            case keyValuePlus:                     //加被按下
            {
                highTime+=(TimeTotal/10);          //每次加 1/10
                if(highTime >= TimeTotal)
                {
                    highTime = TimeTotal;
                }
            }
                break;
            case keyValueReduce:                   //减被按下
            {
```

```
                highTime-=(TimeTotal/10);              //每次减 1/10
                if(highTime <= 0)
                {
                    highTime = 0;
                }
            }
                break;
        }
    }
}
KeyValue scanKey()
{
    if(kPlus == 0)
    {
        //消抖处理
        delay(10);
        if(kPlus == 0)
        {
            //松手检测
            while(kPlus == 0);
            return keyValuePlus;
        }


    }


    if(kReduce == 0)
    {
        delay(10);
        if(kReduce == 0)
        {
            while(kReduce == 0);
            return keyValueReduce;
        }
    }
    return keyValueNone;
}

void initPin()
{
    //设置初值
    Pwm = 0;
```

```
    kPlus = 1;
    kReduce = 1;
    highTime = TimeTotal/2;                    //设置占空比0.5
}

void initTimer()
{
    EA = 1;                                    //打开总中断
    ET0 = 1;                                   //打开定时器中断
    TMOD &= 0xF0;                              //设置定时器模式
    TL0 = 0x50;                                //设置定时初值
    TH0 = 0xFB;                                //设置定时初值
    TF0 = 0;                                   //清除TF0标志
    TR0 = 1;                                   //定时器0开始计时

}

//定时器0溢出中断
void time0()interrupt 1
{
    TL0 = 0x50;                                //设置定时初值
    TH0 = 0xFB;                                //设置定时初值



    t++;
    if(t <=highTime)                           //根据时间设置修改引脚电平
    {
        Pwm = 1;
    }
    else{
        Pwm = 0;
    }

    if(t ==TimeTotal)
    {
        t = 0;
    }
}
```

三、仿真运行

编写好程序文件后，生成 HEX 文件。在 Proteus 的单片机中加载该 HEX 文件，单击“运行”按钮，分别按两个按键来测试分值的改变，仿真效果如图 5-13 所示。

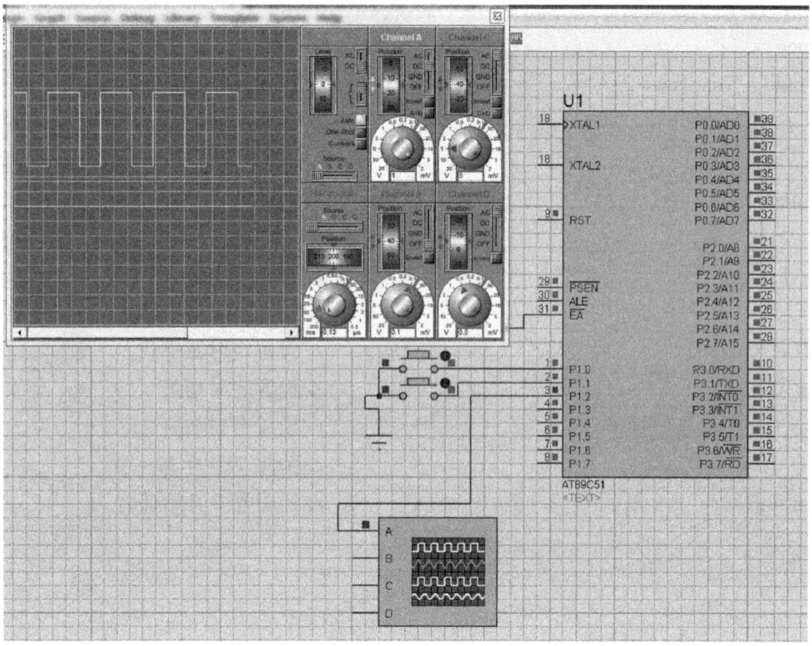

图 5-13　方波信号发生器仿真效果

任务总结与评价

<table>
<tr><td colspan="2">项目名称：</td><td>班级</td><td colspan="4"></td></tr>
<tr><td colspan="2">工作任务：</td><td>姓名</td><td colspan="2"></td><td>学号</td><td></td></tr>
<tr><td colspan="7">任务过程评价（100 分）</td></tr>
<tr><td rowspan="2">序号</td><td rowspan="2">项目及技术要求</td><td colspan="3">评分标准</td><td colspan="2" rowspan="2">得分</td></tr>
<tr><td>优秀</td><td>良好</td><td>仍需努力</td></tr>
<tr><td>1</td><td>正确画出单片机方波输出电路，得 20 分</td><td></td><td></td><td></td><td colspan="2"></td></tr>
<tr><td>2</td><td>正确编写定时器部分程序，得 15 分</td><td></td><td></td><td></td><td colspan="2"></td></tr>
<tr><td>3</td><td>正确编写按键部分程序，得 10 分</td><td></td><td></td><td></td><td colspan="2"></td></tr>
<tr><td>4</td><td>正确编写占空比调整程序，得 10 分</td><td></td><td></td><td></td><td colspan="2"></td></tr>
<tr><td>5</td><td>能够说出定时器的工作方式，得 15 分</td><td></td><td></td><td></td><td colspan="2"></td></tr>
<tr><td>6</td><td>能够掌握定时器初值的计算方式，得 15 分</td><td></td><td></td><td></td><td colspan="2"></td></tr>
<tr><td>7</td><td>在 Proteus 软件中进行仿真，按下独立式按键，效果正常，得 15 分</td><td></td><td></td><td></td><td colspan="2"></td></tr>
<tr><td rowspan="2">总评</td><td rowspan="2"></td><td colspan="3">总分：</td><td colspan="2"></td></tr>
<tr><td colspan="3">教师签字：</td><td colspan="2">年　月　日</td></tr>
</table>

任务拓展

小知识窗：

PWM 信号：脉宽调制（Pulse Width Modulation，PWM）是利用微处理器的数字输出来对模拟电路进行控制的一种非常有效的技术，广泛应用在从测量、通信到功率控制与变换的许多领域中。

PWM 是一种对模拟信号电平进行数字编码的方法。通过高分辨率计数器的使用，方波的占空比被调制用来对一个具体模拟信号的电平进行编码。PWM 信号仍然是数字的，因为在给定的任何时刻，满幅值的直流供电要么完全有（ON），要么完全无（OFF）。电压源或电流源是以一种通（ON）或断（OFF）的重复脉冲序列被加到模拟负载上去的。通的时候即是直流供电被加到负载上的时候，断的时候即是供电被断开的时候。只要带宽足够，任何模拟值都可以使用 PWM 进行编码。

任务 3　单片机的串口通信

学习目标

技能目标：

（1）能够熟练运用 Proteus 软件绘制单片机串口通信电路图。

（2）能正确通过单片机串口发送数据。

（3）能够完成单片机串口仿真调试。

知识目标：

（1）能够掌握单片机串口的工作方式。

（2）能够掌握单片机串口相关寄存器的配置及属性。

（3）能够掌握根据串口波特率设置定时器初值。

素养目标：

（1）在编写 C 语言程序的过程中，能够通过协作的方式解决程序编译过程中遇到的问题。

（2）在完成任务的过程中，能够总结解决问题的途径与方法。

（3）程序编写应遵循 C 语言编码规范。

描述任务

通过 AT89C51 单片机执行指定的串口通信程序，通过串口在虚拟终端上输出“Hello World。”

任务分析

知识点：

学习单片机串口的工作原理，掌握串口通信的配置以及使用方式，学会使用串口发送数据。

技能点：

（1）Proteus软件仿真中方波发生器的调试。

（2）能够正确使用串口发送数据。

必备知识

一、通信协议

1. 通信简介

随着多微机系统的广泛应用和计算机网络技术的普及，计算机的通信功能越来越显得重要。计算机通信是指计算机与外部设备（或计算机与计算机）之间的信息交换。在多微机系统以及现代测控系统中信息的交换多采用串行通信方式，如下位机芯片和上位机计算机的通信，芯片之间的通信，很多都是由串口通信实现的，如图5-14所示。

图5-14 计算机上的串口

计算机通信是将计算机技术和通信技术的相结合，完成计算机与外部设备（或计算机与计算机之间）的信息交换，可以分为并行通信与串行通信两大类。

“并行通信”通常是将数据字节的各位用多条数据线同时进行传送，如图5-15所示。并行通信的特点是：控制简单、传输速度快；由于传输线较多，长距离传送时成本高且接收方的各位同时接收存在困难。

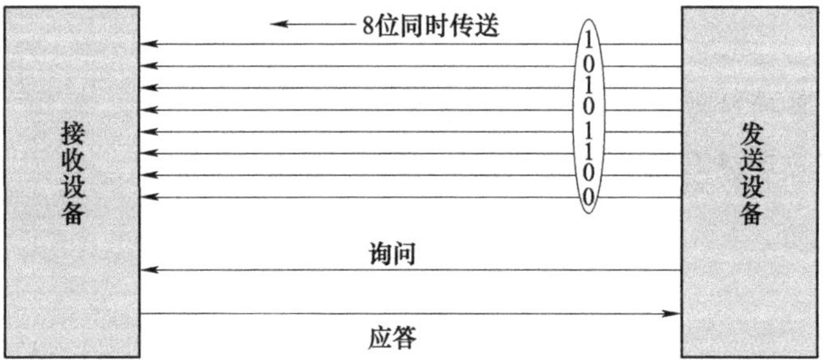

图5-15 并行通信

串行通信是将数据字节分成一位一位的形式在一条传输线上逐个进行传送，如图 5-16 所示。串行通信的特点是：传输线少，长距离传送时成本低，而且可以利用电话网等现成的设备，但数据的传送控制比并行通信复杂。

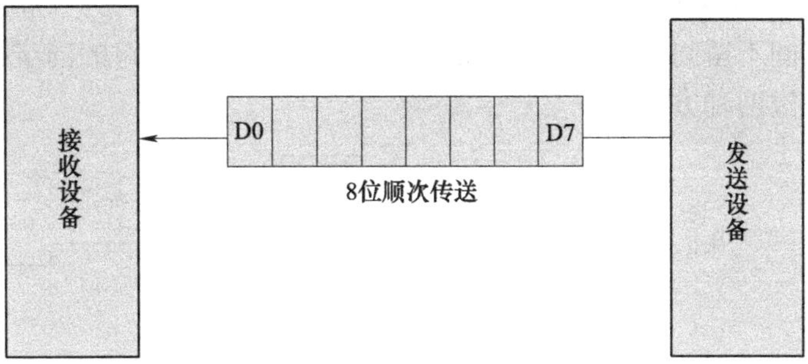

图 5-16　串行通信

串口通信就是一种串行通信协议，也不是单片机特有的功能，而是在计算机领域中普遍存在的一种通信方式。除此之外，常见的串行通信协议还有 IIC、SPI 协议等。这些都是在单片机、嵌入式领域中常见的通信方式。

2. 串行通信的基本概念

异步通信是指通信的发送设备与接收设备使用各自的时钟来控制数据的发送和接收过程，如图 5-17 所示。为使双方的收发协调，要求发送和接收设备的时钟尽可能一致。

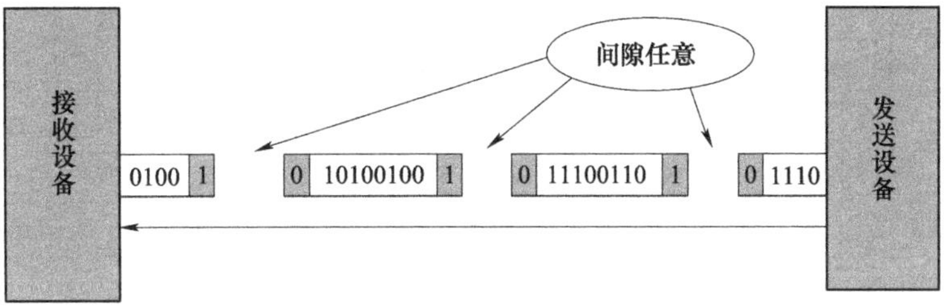

图 5-17　异步通信

异步通信是以字符（构成的帧）为单位进行传输的，字符与字符之间的间隙（时间间隔）是任意的，但每个字符中的各位是以固定的时间传送的，即字符之间不一定有“位间隔”的整数倍的关系，但同一字符内各位之间的距离均为“位间隔”的整数倍，如图 5-18 所示。

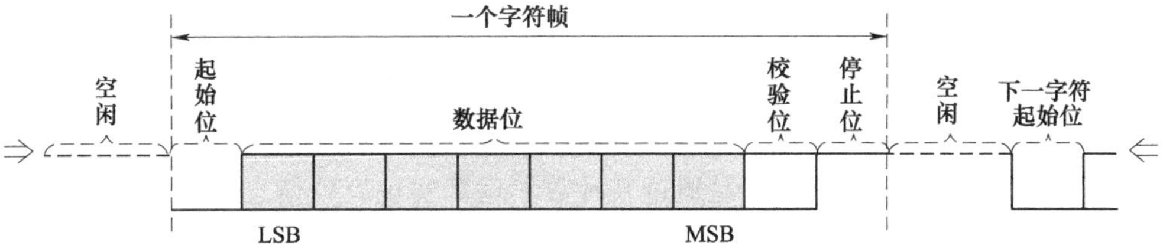

图 5-18　异步通信数据格式

异步通信的特点是：不要求收。发双方时钟的严格一致，实现容易，设备开销较小，但每个字符要附加2~3位用于起止位，各帧之间还有间隔，因此传输效率不高。

同步通信的特点是：同步通信时要建立发送方时钟对接收方时钟的直接控制，使双方达到完全同步，如图5-19所示。此时，传输数据的位之间的距离均为“位间隔”的整数倍，同时传送的字符之间不留间隙，即保持位的同步关系，也保持字符的同步关系。发送方对接收方的同步可以通过两种方法实现。

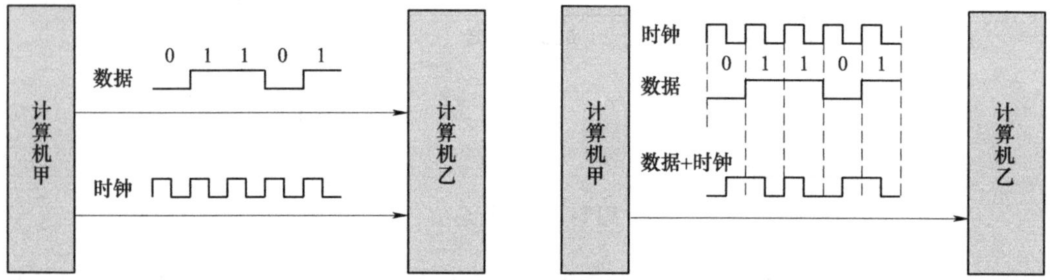

图5-19　同步通信

串行通信的传输方向：单工是指数据传输仅能沿一个方向，不能实现反向传输。半双工是指数据传输可以沿两个方向，但需要分时进行。全双工是指数据可以同时进行双向传输。如图5-20所示。

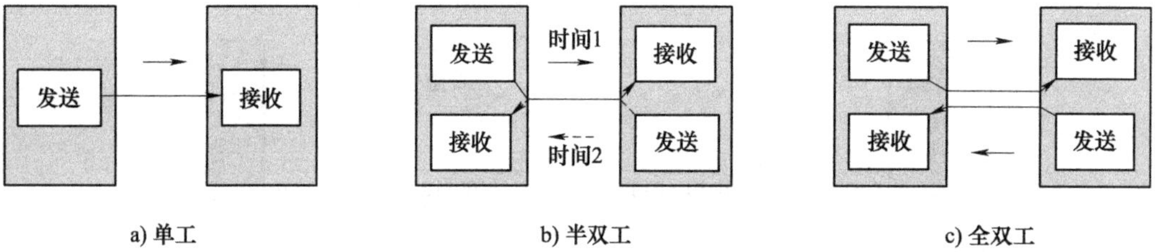

图5-20　单工、半双工、全双工

为了检验传输过程中可能存在的传输错误，主要有后面几种错误校验机制。

（1）奇偶校验　在发送数据时，数据位尾随的1位为奇偶校验位（1或0）。奇校验时，数据中“1”的个数与校验位“1”的个数之和应为奇数；偶校验时，数据中“1”的个数与校验位“1”的个数之和应为偶数。接收字符时，对“1”的个数进行校验，若发现不一致，则说明传输数据过程中出现了差错。

（2）代码和校验　是发送方将所发数据块求和（或各字节异或），产生一个字节的校验字符（校验和）附加到数据块末尾。接收方接收数据的同时对数据块（除校验字节外）求和（或各字节异或），将所得的结果与发送方的“校验和”进行比较，若相符则无差错，否则即认为传送过程中出现了差错。

（3）循环冗余校验　这种校验是通过某种数学运算实现有效信息与校验位之间的循环校验，常用于对磁盘信息的传输、存储区的完整性校验等。这种校验方法纠错能力强，广泛应用于同步通信中。

传输速率与传输距离：

（1）传输速率 比特率是每秒钟传输二进制代码的位数，单位是：位/秒（bit/s）。例如，每秒钟传送240个字符，而每个字符格式包含10位（1个起始位、1个停止位、8个数据位），这时的比特率为：10bit×240个/s = 2400bit/s。

（2）传输距离与传输速率的关系 串行接口或终端直接传送串行信息位流的最大距离与传输速率及传输线的电气特性有关。当传输线使用每0.3m（约1ft）有50pF电容的非平衡屏蔽双绞线时，传输距离随传输速率的增加而减小。当比特率超过1000bit/s时，最大传输距离迅速下降，如9600bit/s时最大距离下降到只有76m（约250ft）。

二、串口通信

串口通信是指串口按位（bit）发送和接收字节。尽管比特字节（Byte）的串行通信慢，但是串口可以在使用一根线发送数据的同时用另一根线接收数据。在串口通信中，常用的协议包括RS-232C、RS-422和RS-485。

RS-232C是美国电子工业协会（EIA）1969年修订RS-232C标准。RS-232C定义了数据终端设备（DTE）与数据通信设备（DCE）之间的物理接口标准。RS-232C接口规定使用25针或9针（目前多用9针）连接器，连接器的尺寸及每个插针的排列位置都有明确的定义，如图5-21所示。RS-232（标准接口的主要引脚定义见表5-7）。

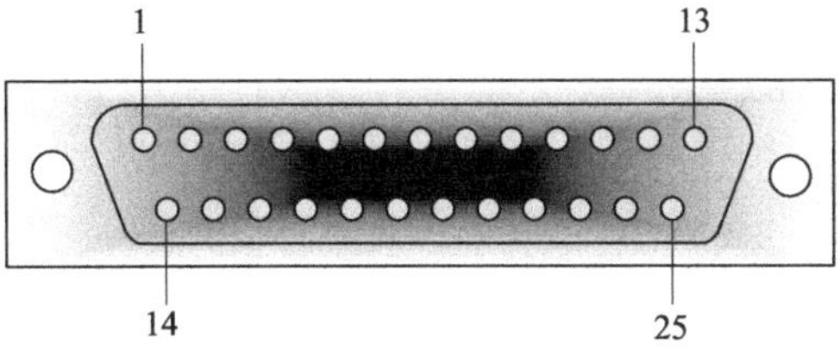

a) 25针连接器接口

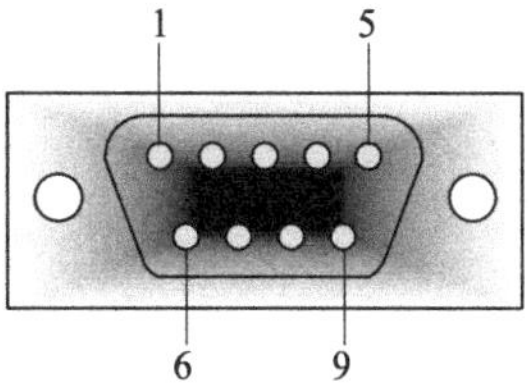

b) 9针连接器接口

图5-21 硬件接口

表5-7 RS-232C标准接口的主要引脚定义（插针序号列括号内为9针连接器的引脚号）

插针序号	信号名称	功能	信号方向
1	PGND	保护接地	
2（3）	TXD	发送数据（串行输出）	DTE→DCE
3（2）	RXD	接收数据（串行输入）	DTE←DCE
4（7）	RTS	请求发送	DTE→DCE
5（8）	CTS	允许发送	DTE←DCE
6（6）	DSR	DCE就绪（数据建立就绪）	DTE←DCE
7（5）	SGND	信号接地	
8（1）	DCD	载波检测	DTE←DCE
20（4）	DTR	DTE就绪（数据终端准备就绪）	DTE→DCE
22（9）	RI	振铃指示	DTE←DCE

另外需要注意的是，RS-232C协议中规定的电平为5V，而常见的计算机TTL电平为

12V，所以中间需要进行TTL电平转换。RS-232C接口存在如下几个问题：

1）传输距离短，传输速率低。RS-232C总线标准受电容允许值的约束，使用时传输距离一般不要超过15m（线路条件好时也不超过几十米），最高传送速率为20kbit/s。

2）有电平偏移，RS-232C总线标准要求收、发双方共地。当通信距离较大时，收、发双方的地电位差别较大，在信号地上将有比较大的地电流并产生电压降。

3）抗干扰能力差。RS-232C在电平转换时采用单端输入输出，在传输过程中当干扰和噪声混入正常的信号中时，为了提高信噪比，RS-232C总线标准不得不采用比较大的电压摆幅。

三、AT89C51串口

AT89C51中有两个物理上独立的接收、发送缓冲器SBUF，它们占用同一个地址99H，其中接收控制器是双缓冲结构；由于发送控制器发送时CPU是主动的，所以不会产生重叠错误，如图5-22所示。

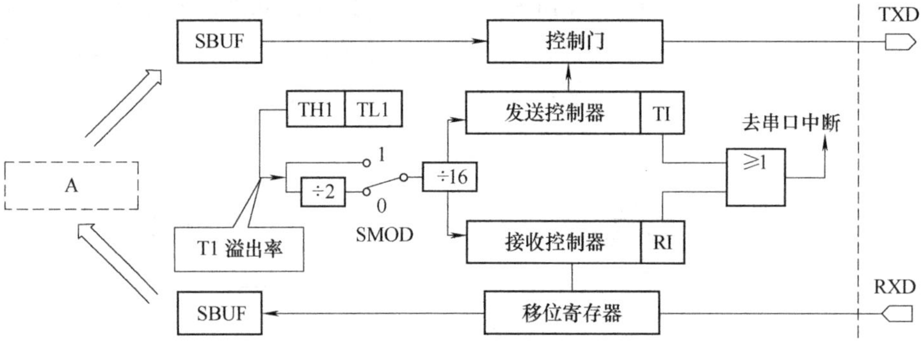

图5-22　51单片机串口结构

SCON是一个特殊功能寄存器，用以设定串行口的工作方式、接收/发送控制以及设置状态标志，见表5-8和表5-9。

表5-8　SCON寄存器

位	7	6	5	4	3	2	1	0	
字节地址：98H	SM0	SM1	SM2	REN	TB8	RB8	TI	RI	SCON

表5-9　工作方式选择位SM0和SM1

SM1、SM0	工作方式	说明	波特率
00	方式0	移位寄存器	$f_{osc}/12$
01	方式1	10位异步收发器（8位数据）	可变
10	方式2	11位异步收发器（9位数据）	$f_{osc}/64$ 或 $f_{osc}/12$
11	方式3	11位异步收发器（9位数据）	可变

SM2：多机通信控制位。其主要用于方式2和方式3。当接收机的SM2=1时，可以利用

收到的 RB8 来控制是否激活 RI（RB8=0 时不激活 RI，收到的信息丢弃；RB8=1 时收到的数据进入 SBUF，并激活 RI，进而在中断服务中将数据从 SBUF 读走）。当 SM2=0 时，不论收到的 RB8 为 0 或 1，均可以使收到的数据进入 SBUF，并激活 RI（即此时 RB8 不具有控制 RI 激活的功能）。通过控制 SM2，可以实现多机通信。在方式 0 时，SM2 必须是 0。在方式 1 时，若 SM2=1，则只有接收到有效停止位时，RI 才置 1。

REN：允许串行接收位。若由软件将其置 1，则启动串行口接收数据；若软件置 REN=0，则禁止接收。

TB8：在方式 2 或方式 3 中，是发送数据的第九位，可以用软件规定其作用。TB8 可以用作数据的奇偶校验位，或在多机通信中作为地址帧/数据帧的标志位。在方式 0 和方式 1 中，该位未使用。

RB8：在方式 2 或方式 3 中，是接收到数据的第九位，作为奇偶校验位或地址帧/数据帧的标志位。在方式 1 时，若 SM2=0，则 RB8 是接收到的停止位。

TI：发送中断标志位。在方式 0 时，当串行发送第八位数据结束时，或在其他方式下串行发送停止位的开始时，由内部硬件将 TI 置 1，向 CPU 发送中断申请。在中断服务程序中，必须用软件将其清 0，取消此中断申请。

RI：接收中断标志位。在方式 0 时，当串行接收第八位数据结束时，或在其他方式下串行接收停止位的中间时，由内部硬件将 RI 置 1，向 CPU 发送中断申请。也必须在中断服务程序中，用软件将其清 0，取消此中断申请。

PCON 中只有一位 SMOD 与串行口工作有关，SMOD（PCON.7）是波特率倍增位。在串行口方式 1、方式 2、方式 3 时，波特率与 SMOD 有关，当 SMOD=1 时，波特率提高一倍。复位时，SMOD=0。

四、AT89C51 串口的工作方式

1. 方式 0

当串行口工作在方式 0 时，串行口为同步移位寄存器的输入输出方式，主要用于扩展并行输入口或输出口。数据由 RXD（P3.0）引脚输入或输出，同步移位脉冲由 TXD（P3.1）引脚输出。发送和接收数据均为 8 位，低位在前，高位在后。波特率固定为 $f_{osc}/12$。

2. 方式 1

方式 1 是 10 位数据的异步通信口。其中 TXD 为数据发送引脚，RXD 为数据接收引脚，传送一帧数据的格式如图 5-23 所示，包括 1 位起始位。8 位数据位和 1 位停止位。

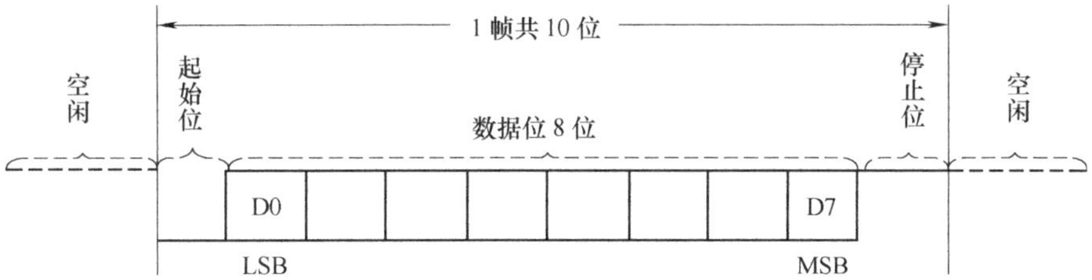

图 5-23 方式 1 数据格式

3. *方式2和方式3*

工作在方式2或方式3时为11位数据的异步通信口。其中，TXD为数据发送引脚，RXD为数据接收引脚。方式2和方式3时包括起始位1位，数据9位（含1位附加的第九位，发送时为SCON中的TB8，接收时为RB8），停止位1位，一帧数据为11位，如图5-24所示。方式2的波特率固定为晶振频率的1/64或1/32，方式3的波特率由定时器T1的溢出率决定。

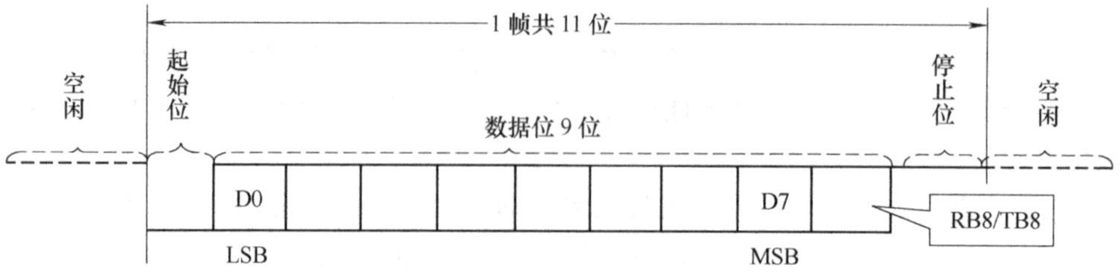

图5-24 方式2和方式3数据格式

五、波特率的计算

在串行通信中，收、发双方对发送数据或接收数据的速率要有约定。通过软件可对单片机串行口编程为4种工作方式，其中方式0和方式2的波特率是固定的，而方式1和方式3的波特率是可变的，由定时器T1的溢出率来决定。串行口的4种工作方式对应3种波特率。由于输入的移位时钟的来源不同，因而各种方式的波特率计算公式也不相同。

方式0的波特率 = $f_{osc}/12$

方式2的波特率 = $(2^{SMOD}/64)\cdot f_{osc}$

方式1的波特率 = $(2^{SMOD}/32)\cdot$（T1溢出率）

方式3的波特率 = $(2^{SMOD}/32)\cdot$（T1溢出率）

当T1作为波特率发生器时，最典型的用法是使T1工作在自动再装入的8位定时器方式（即方式2，且TCON的TR1=1，以启动定时器）。这时溢出率取决于TH1中的计数值。

$$\text{T1溢出率} = f_{osc}/\{12\times[256-(\text{TH1})]\}$$

在单片机的应用中，常用的晶振频率为12MHz和11.0592MHz。所以，选用的波特率也相对固定。常用的串行口波特率以及各参数的关系见表5-10。

表5-10 常用的串行口波特率以及各参数的关系

串口工作方式及波特率/(bit/s)		f_{osc}（MHz）	SMOD	定时器T1		
				$C/\overline{T}$	工作方式	初值
方式1、3	62.5k	12	1	0	2	FFH
	19.2k	11.0592	1	0	2	FDH
	9600	11.0592	0	0	2	FDH
	4800	11.0592	0	0	2	FAH
	2400	11.0592	0	0	2	F4H
	1200	11.0592	0	0	2	F8H

串行口工作之前，应对其进行初始化，主要是设置产生波特率的定时器 1、串行口控制和中断控制。具体步骤如下：

1）确定 T1 的工作方式（编程 TMOD 寄存器）。

2）计算 T1 的初值，装载 TH1、TL1。

3）启动 T1（编程 TCON 中的 TR1 位）。

4）确定串行口控制（编程 SCON 寄存器）。

5）串行口工作在中断方式时，要进行中断设置（编程 IE、IP 寄存器）。

任务实施

一、绘制原理图

串口通信元器件设置与电路原理如图 5-25 所示。用到的元器件名称：AT89C51（单片机）和 COMPIM（9 针接口）。从下图位置选择虚拟串口。

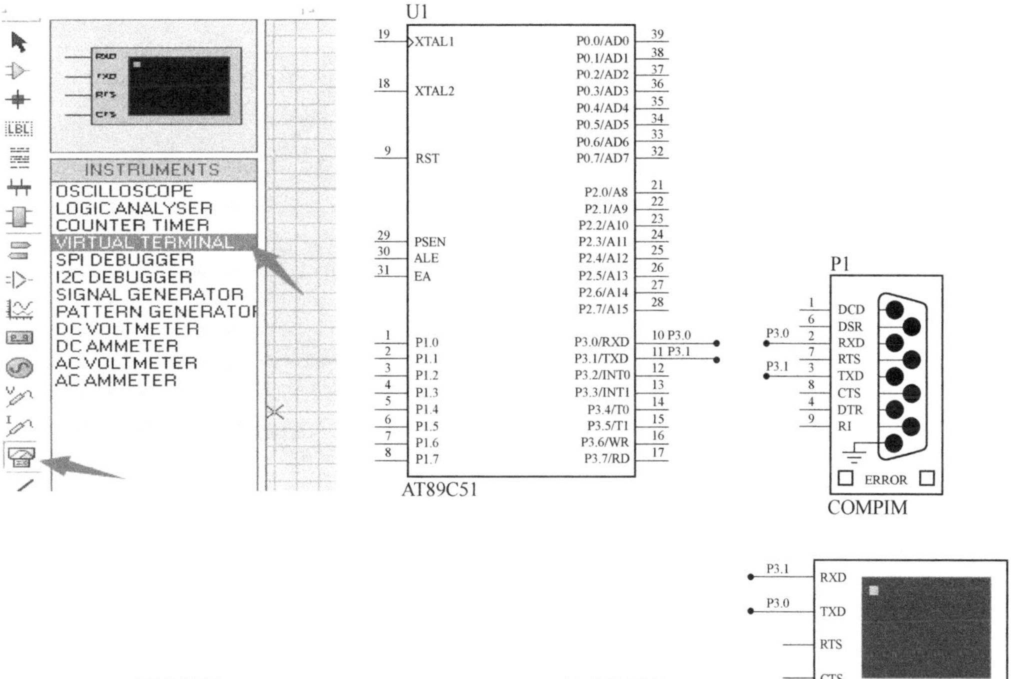

a) 元器件设置　　b) 电路原理

图 5-25　串行通信元器件设置与电路原理

二、编写程序

程序如下：

```
#include <reg52. h>
#include " intrins. h"
```

```
typedef unsigned char BYTE;
typedef unsigned int WORD;

#define FOSC 11059200L                    //晶振频率
#define BAUD 9600                         //串口波特率

bit busy;//串口忙标识

void SendData(BYTE dat);                  //发送字节
void SendString(char *s);                 //发送字符串

void main()
{

    SCON = 0x50;                          //8位串行
    TMOD = 0x20;                          //设置定时器1为8位自动重载模式
    TH1 = TL1 = -(FOSC/12/32/BAUD);       //设置重载值
    TR1 = 1;                              //定时器1启动
    ES = 1;                               //使能串口中断
    EA = 1;                               //开总中断

    SendString("Hello world\r\n");
    while(1);
}

/*----------------------------
    串行中断程序
----------------------------*/
void Uart_Isr() interrupt 4 using 1
{
    if (RI)
    {
        RI = 0;                           //清接收标识
        P0 = SBUF;                        //P0显示串口接收的数据
        SendData(P0);
    }
    if (TI)
    {
        TI = 0;                           //清传输中断标识
    busy = 0;                             //清传输
    }
}
```

```
/*----------------------------
发送一个 byte
参数:dat (要发送的数据)
----------------------------*/
void SendData(BYTE dat)
{
    while (busy);                          //等待检测串口忙标识
    ACC = dat;                             //计算奇偶校验位
    busy = 1;                              //忙标识置位
    SBUF = ACC;                            //发送数据到串口
}

/*----------------------------
发送字符串
参数:s (字符串地址)
----------------------------*/
void SendString(char *s)
{
    while (*s)                             //检测字符串结尾
    {
        SendData(*s++);                    //发送当前字节
    }
}
```

三、仿真运行

编写好程序文件后，生成 HEX 文件。在 Proteus 的单片机中加载该 HEX 文件，单击“运行”按钮，分别按两个按键来测试分值的改变。串口仿真效果如图 5-26 所示。

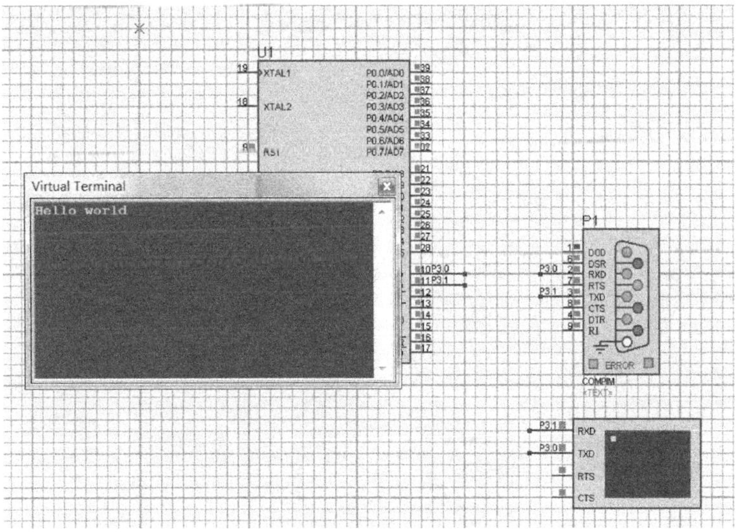

图 5-26 串口仿真效果

任务总结与评价

<table>
<tr><td colspan="2">项目名称：</td><td>班级</td><td colspan="3"></td></tr>
<tr><td colspan="2">工作任务：</td><td>姓名</td><td colspan="2"></td><td>学号</td></tr>
<tr><td colspan="6">任务过程评价（100 分）</td></tr>
<tr><td rowspan="2">序号</td><td rowspan="2">项目及技术要求</td><td colspan="3">评分标准</td><td rowspan="2">得分</td></tr>
<tr><td>优秀</td><td>良好</td><td>仍需努力</td></tr>
<tr><td>1</td><td>正确设计单片机方波输出电路，得 20 分</td><td></td><td></td><td></td><td></td></tr>
<tr><td>2</td><td>正确编写定时器部分程序，得 15 分</td><td></td><td></td><td></td><td></td></tr>
<tr><td>3</td><td>正确编写按键部分程序，得 10 分</td><td></td><td></td><td></td><td></td></tr>
<tr><td>4</td><td>正确编写占空比调整程序，得 10 分</td><td></td><td></td><td></td><td></td></tr>
<tr><td>5</td><td>能够说出定时器的工作方式，得 15 分</td><td></td><td></td><td></td><td></td></tr>
<tr><td>6</td><td>能够掌握定时器初值的计算方式，得 15 分</td><td></td><td></td><td></td><td></td></tr>
<tr><td>7</td><td>在 Proteus 软件中进行仿真，按下独立式按键，效果正常，得 15 分</td><td></td><td></td><td></td><td></td></tr>
<tr><td rowspan="2">总评</td><td rowspan="2"></td><td colspan="3">总分：</td><td></td></tr>
<tr><td colspan="3">教师签字：</td><td>年　月　日</td></tr>
</table>

任务拓展

小知识窗：

想一想：我们学习了 RS-232C 通信标准，同学们自己查阅资料了解 RS-485 接口的特点。

模块6

单片机接口电路

6

学习指南

AT89C51 单片机共有 40 个引脚，其中有 32 个 I/O 口，可是在很多时候这些 I/O 资源并不能够满足产品设计需求。此时，我们可以采用多种方法来解决 I/O 口不足的问题，例如可以采用 74HC573 锁存器使数码管的段选端、位选端可以复用同一组 I/O 口。另外还可以选用 I/O 扩展芯片去实现，如 8255 就是一款这样的芯片。

能力体系

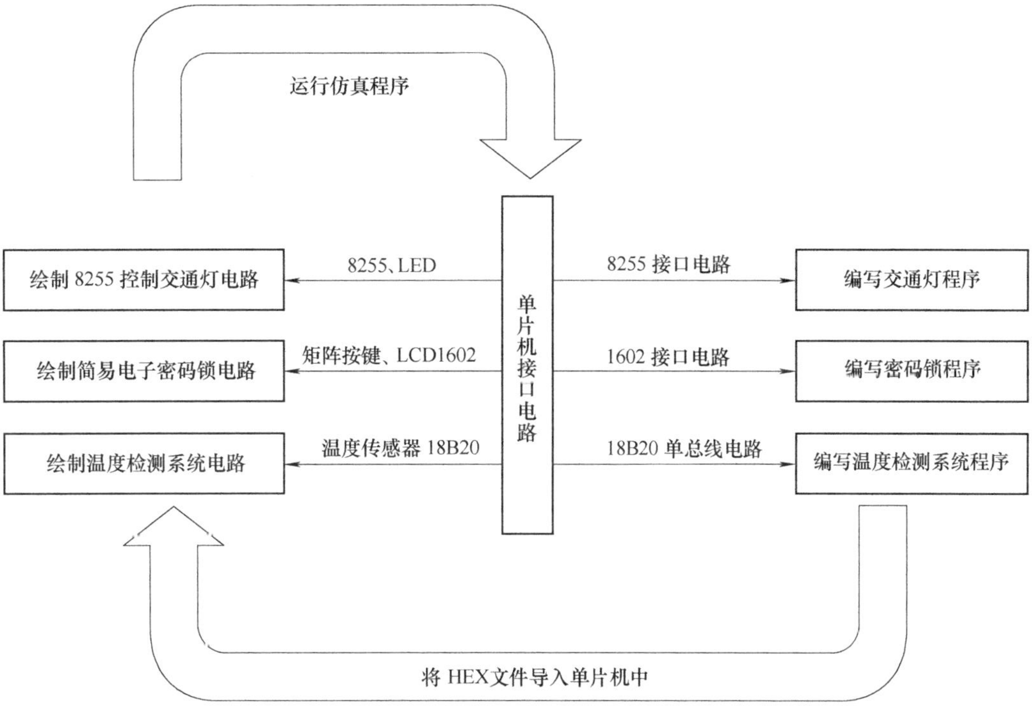

学习建议

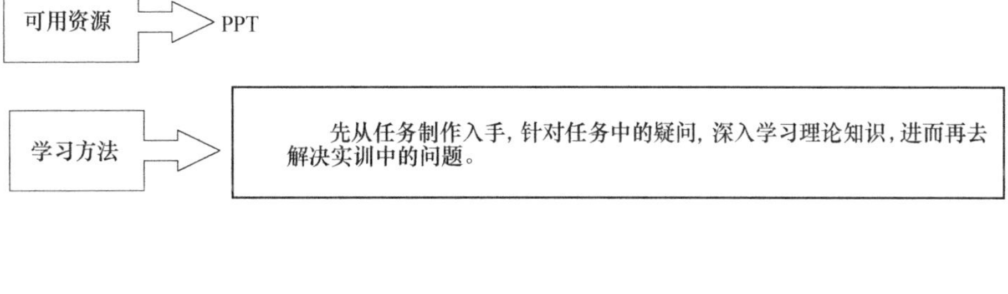

任务1 8255控制交通灯

学习目标

技能目标：

(1) 能够熟练运用Proteus软件绘制8255控制交通灯电路图。

(2) 能够正确编写8255控制交通灯的C语言程序。

(3) 能够看懂芯片时序图。

知识目标：

(1) 掌握8255芯片的特性。

(2) 能够掌握8255芯片的读写时序。

(3) 掌握内部寄存器的配置。

素养目标：

(1) 在编写C语言程序的过程中，能够通过协作的方式解决程序编译过程中遇到的问题。

(2) 在完成任务的过程中，能够总结解决问题的途径与方法。

(3) 程序编写遵循C语言编码规范。

描述任务

本任务是利用8255芯片扩展单片机的I/O口，来控制LED组成交通灯电路。需要掌握对8255芯片的读写操作，设计交通灯的执行逻辑。

任务分析

知识点：

学习8255芯片知识掌握芯片功能，学会根据芯片时序图完成对8255芯片的读写程序，最终可以通过程序控制8255实现对交通灯的控制。

技能点：

(1) 掌握8255控制电路设计I/O口的分配。

(2) 正确编写8255控制交通灯程序。

必备知识

8255芯片介绍

8255芯片是Intel公司生产的可编程序的并行I/O接口芯片，是具有3个通道、3种工作方式的可编程序并行接口芯片（40 个引脚）。其接口功能可由软件选择，使用灵活，通用性强。8255 可作为单片机与多种外设连接时的中间接口电路，如图 6-1 所示。

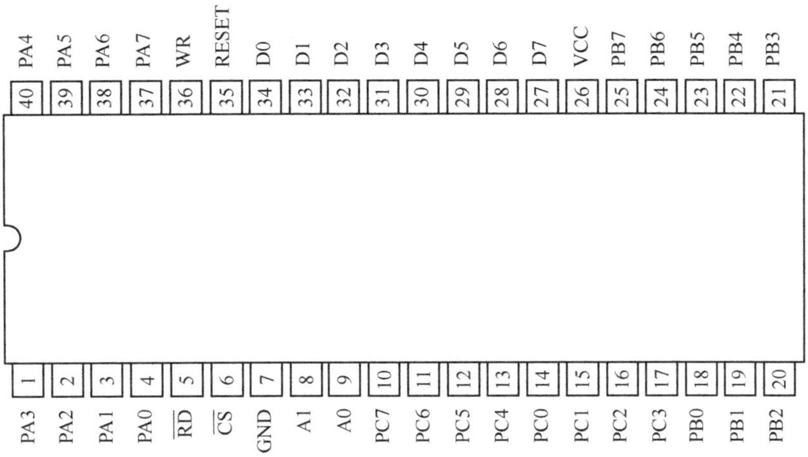

图 6-1　8255 引脚分配

1. 引脚定义

RESET：复位输入线，当该输入端处于高电平时，所有内部寄存器（包括控制寄存器）均被清除，所有 I/O 口均被置成输入方式。

$\overline{CS}$：芯片选择信号线，当该输入引脚为低电平，即$\overline{CS}=0$时，表示芯片被选中，允许 8255 与 CPU 进行通信；当$\overline{CS}=1$时，8255 无法与 CPU 进行数据传输。

$\overline{RD}$：读信号线，当这个输入引脚为低跳变，即$\overline{RD}$产生一个低脉冲且$\overline{CS}=0$时，允许 8255 通过数据总线向 CPU 发送数据或状态信息，即 CPU 从 8255 读取信息或数据。

WR：写入信号，当这个输入引脚为低跳变，即 WR 产生一个低脉冲且$\overline{CS}=0$时，允许 CPU 将数据或控制字写入 8255。

D0~D7：三态双向数据总线，8255 与 CPU 数据传送的通道，当 CPU 执行输入/输出指令时，通过它实现 8 位数据的读/写操作，控制字和状态信息也通过数据总线传送。

8255 具有 3 个相互独立的输入/输出通道端口，用+5V 单电源供电，能在 3 种方式下工作。

PA0~PA7：端口 A 输入/输出线，一个 8 位的数据输出锁存器/缓冲器，一个 8 位的数据输入锁存器，可工作在 3 种方式中的任何一种。

PB0~PB7：端口 B 输入/输出线，一个 8 位的 I/O 锁存器和一个 8 位的输入/输出缓冲器，不能工作在方式 2。

PC0~PC7：端口 C 输入/输出线，一个 8 位的数据输出锁存器/缓冲器和一个 8 位的数据输入缓冲器。端口 C 可以通过工作方式设定而分成两个 4 位的端口，每个 4 位的端口包含一个 4 位的锁存器，分别与端口 A 和端口 B 配合使用，可作为控制信号输出端口或状态信号输入端口，不能工作在方式 1 或方式 2。

A1，A0：地址选择线，用来选择 8255 的 PA 口、PB 口、PC 口和控制寄存器。当 A1=0，A0=0 时，PA 口被选择。当 A1=0，A0=1 时，PB 口被选择。当 A1=1，A0=0 时，PC

口被选择。当 A1=1，A0=1 时，控制寄存器被选择。8255 各工作方式的设置见表 6-1。

表 6-1　8255 各工作方式的设置

A1	A0	$\overline{RD}$	WR	$\overline{CS}$	工作状态
0	0	0	1	0	A 口数据→数据总线
0	1	0	1	0	B 口数据→数据总线
1	0	0	1	0	C 口数据→数据总线
0	0	1	0	0	总线数据→A 口
0	1	1	0	0	总线数据→B 口
1	0	1	0	0	总线数据→C 口
1	1	1	0	0	总线数据→控制字寄存器
*	*	*	*	1	数据总线→三态
1	1	0	1	0	非法状态
*	*	1	1	0	数据总线→三态

2. 工作方式

8255 有 3 种工作方式，可用软件编程对控制口设置来指定。

（1）方式 0（基本输入/输出方式）　不需任何选通信号，A 口、B 口、高半 C 口、低半 C 口，都可被设定为输入或输出。作为输出口时输出数据存锁；作为输入口时输入数据不存锁。

（2）方式 1（选通输入/输出方式）　A、B、C 三个口分为两组。A 组包括 A 口及高半 C 口，A 口可编程序设定为输入或输出，高半 C 口作为 I/O 控制及同步信号；B 组包括 B 口及低半 C 口，B 口可编程序设定为输入或输出，低半 C 口作为 I/O 控制及同步信号；A 口、B 口的输入/输出数据都被存锁。

（3）方式 2（双向传送方式）　A 口（仅 A 口）作为 8 位双向总线，C 口的 PC3~PC7 位用作 I/O 控制及同步信号；B 口及 C 口的 PC0~PC2 可编程设定为方式 0 或方式 1 工作。

工作方式的设置由内部控制寄存器控制，内部控制寄存器的功能见表 6-2。

除此之外，8255 内部还有一个专门按位控制 C 口的寄存器。

3. 工作时序

（1）读取数据　可以根据 A0、A1 的设置从 D0~D7 读取 8255 内部寄存器的数据或者 PA、PB、PC 三个端口的状态。从表 6-1 可以知道，在读取数据时 $\overline{RD}=0$，WR=1。图 6-2 为读取数据时序图。

表 6-2　8255 内部控制寄存器的功能

D0	端口 C（下半部）：1 为输入，0 为输出	B 组
D1	端口 B：1 为输入，0 为输出	
D2	方式选择：0 为方式 0，1 为方式 1	
D3	端口 C（上半部）：1 为输入，0 为输出	A 组
D4	端口 A：1 为输入，0 为输出	
D5、D6	方式选择：00 为方式 0，10 为方式 1，*1 为方式 2	
D7	位置方式标志：1 为有效	—

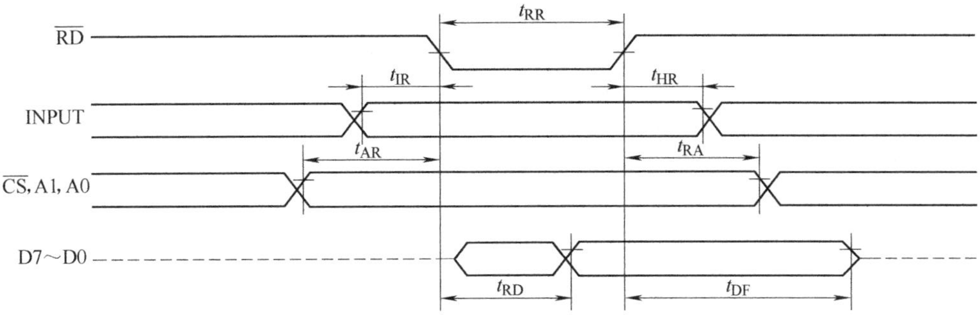

图 6-2　8255 读取数据时序图

结合时序图可以看到，$\overline{RD}$在下降沿时 D0～D7 的数据发生改变（即刷新数据），然后持续 t_{RD}时间数据有效，之后数据可能会发生浮动，所以程序要在$\overline{RD}$引脚下降沿后尽快读取数据，之后再将$\overline{RD}$口拉高，以备下次读取，程序如下：

```
char readData(Channel ch)
{
    char tempData;                  //用于存储读取数据
    P0 = 0xff;                      //接 D0～D7 数据端口
    CS_8255 = 0;                    //设置片选信号
    setWorkChannel(ch);             //设置通道
    RD_8255= 0;                     //将RD拉低(初始化时为高电平)产生下降沿
    WR_8255 = 1;                    //WR 设置为高电平
    tempData = P0;                  //读取 P0 口数据
    RD_8255 = 1;                    //RD拉高
    CS_8255 =1;                     //取消片选
    return tempData;                //返回读取到的数据
}
```

（2）写入数据　同样可以根据 A0、A1 的设置从 D0～D7 写入 8255 内部寄存器的数据或 PA、PB、PC 三个端口的输出状态。从表 6-1 可以知道，在写入数据时$\overline{RD}$口为 1，WR 口为 0。图 6-3 为写入数据时序图。

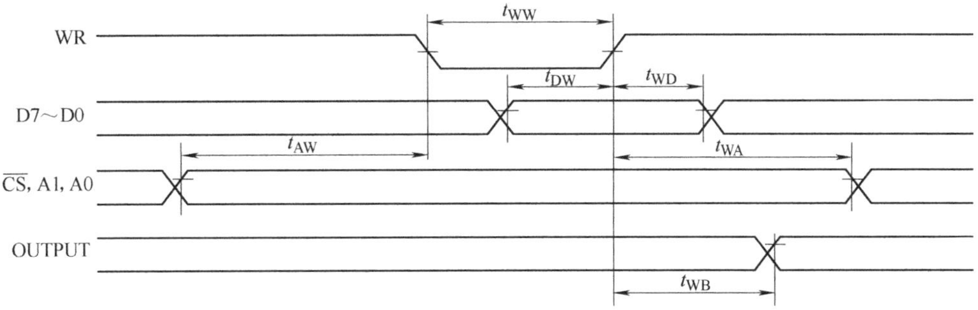

图 6-3　写入数据时序图

结合时序图可以看到，WR 在下降沿后维持低电平然后向 D0～D7 传输要写入的数据（这里实际上是 8255 会在下降沿之后开始读取数据，所以可以事先向 D0～D7 写入数据然后再发送下降沿），然后将 WR 再拉高以备下次写入，程序如下：

```
void writeData(Channel ch,char da)
{
    CS_8255 = 0;                //设置片选
    setWorkChannel(ch);         //设置通道
    P0= da;                     //改变数据
    setWriteSignal();           //设置写信号
    CS_8255 = 1;                //取消片选
    P0 = 0xff;                  //复位 P0
}

void setWriteSignal()
{
    RD_8255= 1;                 //RD设置高电平
    WR_8255 = 0;                //拉低 WR(初始化为高电平),下降沿信号
    Delay1us();                 //持续一段时间,让 8255 有充足的时间读取
    WR_8255 = 1;                //拉高 WR
}
```

任务实施

一、绘制电路原理图

1. 电路设计

8255 控制交通灯电路设计如图 6-4 所示。该电路 P0 口接上拉电阻后控制 8255 的 D 口，P2 口各引脚对应 8255 的各控制引脚，将 4 个方向上的交通灯分成两组，两两相对的为一组，将其分别分配到 PA、PB 两组。为了方便计算 PA、PB 的值，每组中的 LED 分别占高四位和低四位，这样在不同情况下，高四位和低四位的值可以是一样的。

2. 交通灯的工作过程

交通灯的工作过程有多种情况，这里选择最简单的工作逻辑，首先一组相对方向上亮灯的颜色相同，另外一组相对方向上除了黄灯外亮灯颜色与之相反，如 A1、A2 亮绿灯则 B1、B2 亮红灯。注意，由红灯变绿灯时要先亮一下黄灯，由绿灯变红灯也是如此。

二、编写程序文件

运行 Keil 软件，新建项目设置单片机的类型为“AT89C51”，设置文件的输出类型为“HEX 文件”。将 Keil 软件与 Proteus 软件进行联调。这里可以将 8255 的程序单独写一个 C 文件，以后用到 8255 时可以很方便地移植。文件结构如下：

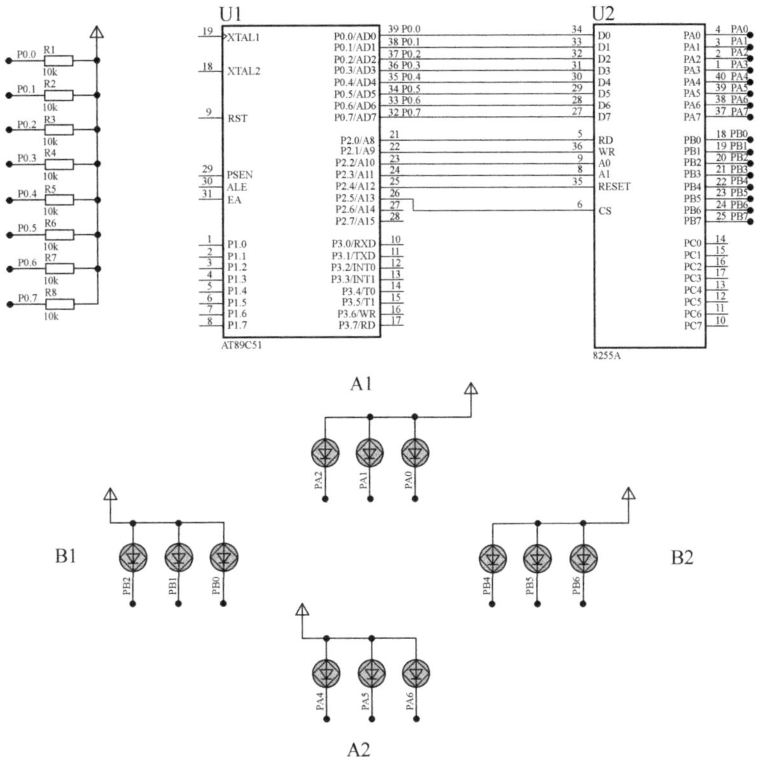

图 6-4　8255 控制交通灯电路原理

main. c：主程序文件；

define. h：I/O 引脚、宏、枚举等的定义；

8255a. c：8255a 程序的实现；

8255a. h：8255 对外开放的接口声明。

```
//8255 控制交通灯 C 语言程序如下：
/ ********************************************************************* /
//main. c
    #include <reg51. h>
    #include " define. h"
    #include " 8255a. h"
    char status = 0;                                    //交通灯的状态
    void Delayms( int a)                                //毫秒级延时
    {
        unsigned char i,j;
        int b;
        for (b = 0;b<a;b++)
        {
            ;;;
            i = 11;
            j = 190;
```

```
        do
        {
            while (--j);
        } while (--i);
    }
}
void main()
{
    P0 = 0xff;
    init8255a();                            //初始化 8255
    while(1)
    {
        switch(status)
        {
            case 0:
            {
                writeData(ChannelA,0xEE);   //红灯
                writeData(ChannelB,0xBB);   //绿灯

                Delayms(1000);
                status++;

            }
                break;
            case 1:
            {
                writeData(ChannelA,0xDD);   //黄灯
                writeData(ChannelB,0xDD);

                Delayms(100);
                status++;

            }
                break;
            case 2:
            {
                writeData(ChannelA,0xBB);
                writeData(ChannelB,0xEE);

                Delayms(1000);
                status = 0;

            }
                break;
        }
```

```
        }
    }
/ ************************************************************************ /
    //define. h
    #ifndef __DEFINE_H__
    #define __DEFINE_H__

    typedef enum _Channel{
        ChannelA,  //PA 口
        ChannelB,  //PB 口
        ChannelC,  //PC 口
        ChannelReg  //控制寄存器

    }Channel;

    / **
     *  定义引脚
     */
    sbit RD_8255 = P2^0;                //读信号,下降沿触发
    sbit WR_8255 = P2^1;                //写信号,下降沿触发
    sbit A0_8255 = P2^2;                //地址选择线,用来选择 8255 的 PA 口、PB 口、PC 口
                                          和控制寄存器
    sbit A1_8255 = P2^3;
    sbit Reset_8255 = P1^4;             //复位信号,高电平有效
    sbit CS_8255 = P2^5;                //片选信号,低电平有效

    #endif
/ ************************************************************************ /
    //8255a. h
    #ifndef __8255A_H__
    #define __8255A_H__
    void init8255a();                   //初始化 8255
    void setWorkChannel(Channel ch);    //设置工作通道
    void setCtrlByte(char byte);        //设置控制字
    void setWriteSignal();              //发生写信号
    void writeData(Channel ch,char da); //写数据
    char readData(Channel ch);          //读数据
    #endif
/ ************************************************************************ /
    //8255a. c
    #include <reg51. h>
    #include "define. h"
    #include "8255a. h"
    #include "intrins. h"
```

```
void Delay1us()                                   //延时 1μs
{
    _nop_();
    _nop_();
    _nop_();
}

void init8255a()
{
    //复位芯片
    Reset_8255 = 1;
    Delay1us();
    Reset_8255 = 0;

    //初始化各控制引脚
    RD_8255 = 1;
    WR_8255 = 1;

    //各端口的工作方式最好开始就确认下来,否则重新设置会导致清空之前锁存的数据
    setCtrlByte(0x80);//重新设置模式会导致锁存数据被修改,所以最好在初始化时设置控制字

}


void writeData(Channel ch,char da)
{
    CS_8255 = 0;                                  //设置片选
    setWorkChannel(ch);                           //设置通道
    P0= da;                                       //改变数据
    setWriteSignal();                             //设置写信号
    CS_8255 = 1;                                  //取消片选
    P0 = 0xff;                                    //复位 P0
}

char readData(Channel ch)
{
    chartempData;                                 //用于存储读取数据
    P0 = 0xff;                                    //接 D0~D7 数据端口
    CS_8255 = 0;                                  //设置片选
    setWorkChannel(ch);                           //设置通道
    RD_8255= 0;                                   //将RD拉低(初始化时为高电平)产生下降沿
    WR_8255 = 1;                                  //WR 设置为高电平
```

```
    tempData = P0;                    //读取 P0 口数据
    RD_8255 = 1;                      //RD拉高
    CS_8255 = 1;                      //取消片选
    return tempData;                  //返回读取到的数据
}

void setWorkChannel(Channel ch)
{
    switch(ch)
    {
        case ChannelA:
            {
                A0_8255 = 0;
                A1_8255 = 0;
            }
            break;
        case ChannelB:
            {
                A0_8255 = 1;
                A1_8255 = 0;
            }
            break;
        case ChannelC:
            {
                A0_8255 = 0;
                A1_8255 = 1;
            }
            break;
        case ChannelReg:
            {
                A0_8255 = 1;
                A1_8255 = 1;
            }
            break;
    }
}

void setCtrlByte(char byte)
{
    CS_8255 = 0;
    //设置控制寄存器为写模式
    setWorkChannel(ChannelReg);
```

```
    P0 = byte;
    setWriteSignal();
    CS_8255 = 1;
}

void setWriteSignal()
{
    RD_8255= 1;                     //RD设置为高电平
    WR_8255 = 0;                    //拉低 WR(初始化为高电平),下降沿信号
    Delay1us();                     //持续一段时间,让 8255 有充足的时间读取
    WR_8255 = 1;                    //拉高 WR
}
```

三、仿真运行

编写好程序文件后，生成 HEX 文件。在 Proteus 的单片机中加载该 HEX 文件，单击“运行”按钮，分别按两个按键来测试分值的改变。其仿真效果如图 6-5。

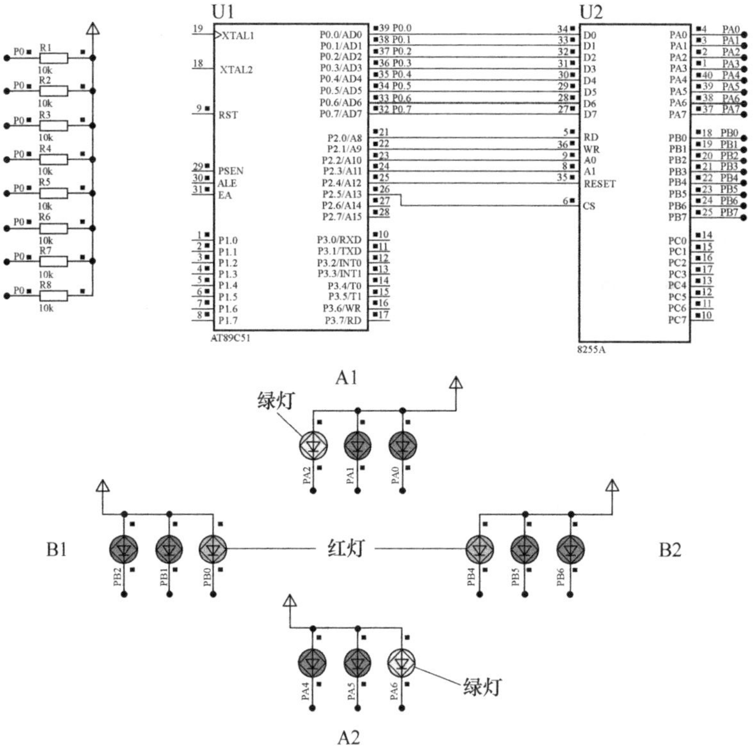

图 6-5　交通灯仿真效果

该交通灯电路用到的元器件包括：AT89C51（单片机），8255A，LED（红、黄、绿）等。

任务总结与评价

项目名称：				班级		
工作任务：				姓名	学号	
任务过程评价（100 分）						
序号	项目及技术要求	评分标准			得分	
		优秀	良好	仍需努力		
1	简述 8255A 芯片的功能，得 10 分					
2	说出 8255A 主要引脚的作用，得 15 分					
3	绘制 8255 交通灯电路正确，得 15 分					
4	编写单片机程序正确，得 30 分					
5	能够正确描述 8255A 读/写时序，得 30 分					
总评		总分：				
		教师签字：			年 月 日	

任务拓展

小知识窗：

想一想：

1. 我们日常生活中的交通灯逻辑是不是要复杂一些？应该如何实现？
2. 交通灯之间的时间间隔如果采用定时器应如何实现？采用定时器有哪些优点？

任务 2 简易电子密码锁

学习目标

技能目标：

（1）能够熟练运用 Proteus 软件绘制简易电子密码锁电路图。

（2）能够通过显示屏 LCD1602 显示字符。

（3）能够正确编写简易电子密码锁的 C 语言程序。

知识目标：

（1）能够掌握 LCD1602 的控制方式。

（2）能够掌握 LCD1602 的显示方式及特点。

（3）能够掌握单片机定时器初值的计算。

素养目标：

(1) 在编写C语言程序的过程中，能够通过协作的方式解决程序编译过程中遇到的问题。

(2) 在完成任务的过程中，能够总结解决问题的途径与方法。

(3) 程序编写遵循C语言编码规范。

描述任务

通过矩阵按键输入密码并在LCD1602上加以显示，同时与内置的密码进行比较，进而判断密码是否正确，在LCD1602上输出响应的结果。

任务分析

知识点：

学习LCD1602的控制方式，根据LCD1602的说明材料写出LCD1602的控制程序，并配合矩阵键盘完成简易密码锁的制作。

技能点：

(1) 用Proteus软件仿真简易电子密码锁。

(2) 能够正确编写LCD1602程序，通过LCD1602进行显示。

必备知识

一、液晶显示器LCD1602简介

LCD1602是一种工业字符型液晶，能够同时显示16×02（即32）个字符。LCD1602液晶显示的原理是利用液晶的物理特性，通过电压对其显示区域进行控制。LCD1602液晶也叫作“1602字符型液晶”，它是一种专门用来显示字母、数字、符号等的点阵型液晶模块。它由若干个5×7或者5×11等点阵字符位组成，每个点阵字符位都可以显示一个字符，每位之间有一个点距的间隔，每行之间也有间隔，起到了字符间距和行间距的作用，正因为如此所以它不能很好地显示图形。

LCD1602是指显示的格式为“16×2”，即显示两行，每行16个字符液晶模块（显示字符和数字），如图6-6所示。

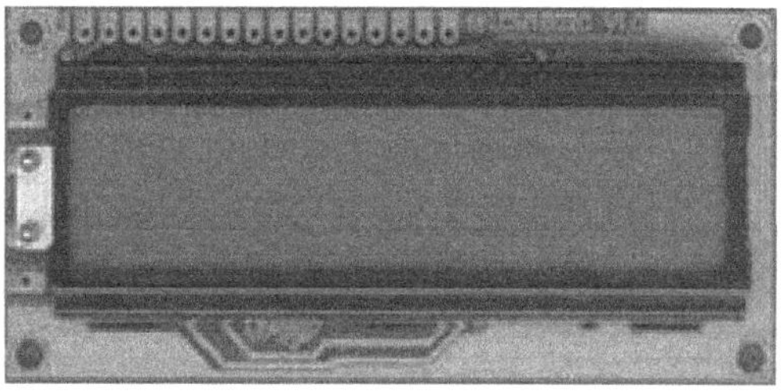

图6-6　LCD1602显示器

市场上字符液晶大多数是基于液晶芯片HD44780的，控制原理是完全相同的，因此基于HD44780编写的控制程序可以很方便地应用于市场上大部分的字符型液晶显示器。

LCD1602引脚定义见表6-3。

表 6-3　LCD1602 引脚定义

编号	符号	引脚说明	编号	符号	引脚说明
1	VSS	电源地	9	D2	数据 I/O
2	VDD	电源正极	10	D3	数据 I/O
3	VEE	LCD 背光调整	11	D4	数据 I/O
4	RS	数据/命令选择端	12	D5	数据 I/O
5	R/W	读写选择端	13	D6	数据 I/O
6	E	使能信号	14	D7	数据 I/O
7	D0	数据 I/O	15	BLA	背光电源正
8	D1	数据 I/O	16	BLK	背光电源负

二、LCD1602 接口说明

1. 基本操作时序

LCD1602 的数据传输包括两部分：一个是指令，另一个是数据。其中指令用于 LCD1602 的显示设置，数据主要是 LCD1602 显示的内容。

1）读状态：输入时，RS=L，RW=H，E=H；输出时 D0～D7=状态字。

2）读数据：输入时，RS=H，RW=H，E=H；输出时，D0～D7=数据。图 6-7 所示为 LCD1602 读取数据时序。

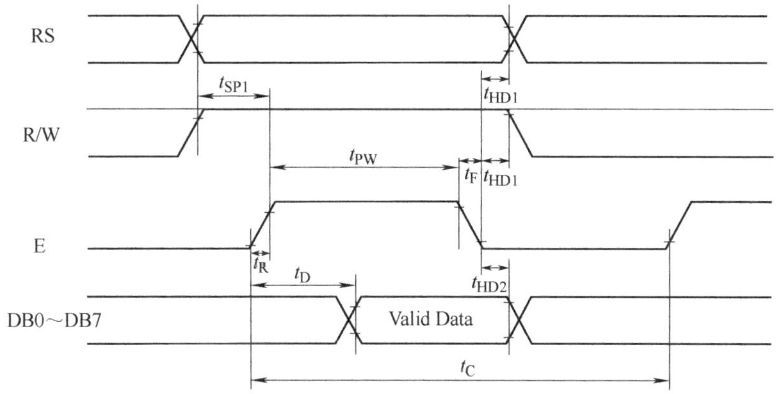

图 6-7　LCD1602 读取数据时序图

3）写指令：输入时，RS=L，R/W=L，D0～D7=指令码，E=高脉冲；输出时，无。

4）写数据：输入时，RS=H，R/W=L，D0～D7=数据，E=高脉冲；输出时，无。图 6-8 所示为 LCD1602 写数据时序图。

5）读状态：主要是读取 LCD1602 内部状态字，如图 6-9 所示，其中第七位是读写操作使能，每次进行读写操作前必须先确保 STA7 位 0。

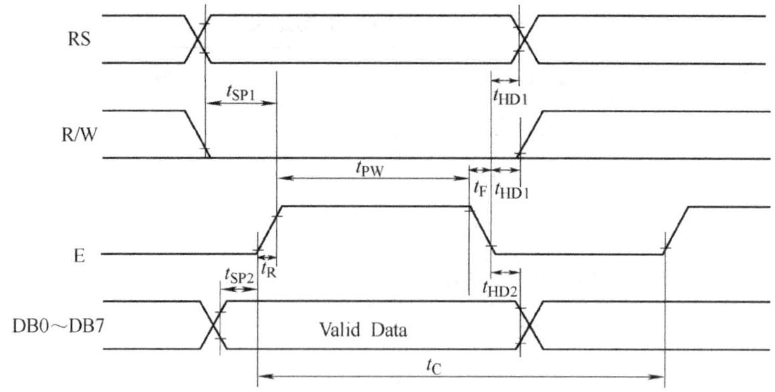

图 6-8　LCD1602 写数据时序图

STA7 D7	STA6 D6	STA5 D5	STA4 D4	STA3 D3	STA2 D2	STA1 D1	STA0 D0

STA0–6	当前数据地址指针的数值	
STA7	读写操作使能	1: 禁止　　　0: 允许

图 6-9　LCD1602 内部状态字

LCD1602 时序参数见表 6-4。

表 6-4　LCD1602 时序参数

时序参数	符号	极限值			单位	测试条件
		最小值	典型值	量大值		
E 信号周期	t_C	400	—	—	ns	引脚 E
E 脉冲宽度	t_{PW}	150	—	—	ns	
E 上升沿/下降沿时间	t_R，t_F	—	—	25	ns	
地址建立时间	t_{SP1}	30	—	—	ns	引脚 E、RS、R/W
地址保持时间	t_{HD1}	10	—	—	ns	
数据建立时间（读操作）	t_D	—	—	100	ns	引脚 DB0～DB7
数据保持时间（读操作）	t_{HD2}	20	—	—	ns	
数据建立时间（写操作）	t_{SP2}	40	—	—	ns	
数据保持时间（写操作）	t_{HD2}	10	—	—	ns	

LCD1602 内部带有 80 字节的 RAM 缓冲区，对应的关系如图 6-10 所示。LCD1602 第一行的数据地址从 0X00 开始，第二行从 0X40 开始，多余的地址可以存储一部分数据，如用

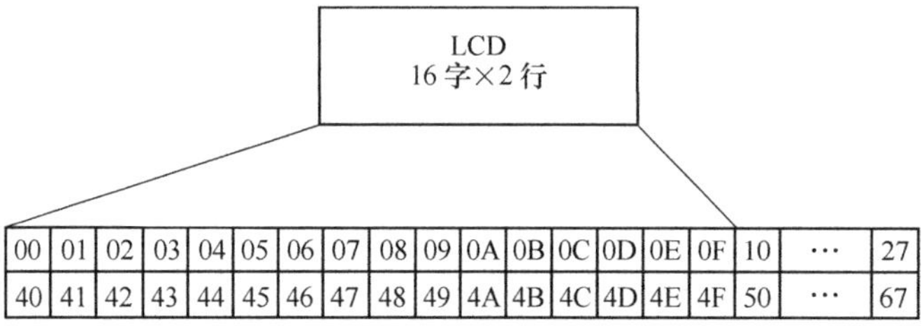

图 6-10　LCD1602 缓冲区地址

来使字符循环移动。

2. 指令说明（表 6-5）

表 6-5 LCD1602 指令说明

指令码								功能
0	0	1	1	1	0	0	0	显示模式设置：16×2 显示，5×7 点阵，8 位数据接口
0	0	0	0	1	D	C	B	D=1，开显示，D=0，关显示；C=1，显示光标，C=0，不显示光标；B=1，光标闪烁，B=0，光标不闪烁
0	0	0	0	0	1	N	S	N=1，当读取或写入一个字符时，地址指针加 1 且光标加 1 N=0，当读取或写入一个字符时，地址指针减 1 且光标减 1 S=1，当写入一个字符时整屏左移（N=1）或右移（N=0）以得到光标不移动而屏幕移动的效果 S=0，当写入一个字符整屏显示不移动
80H+地址码（0~27H，40~67H）								设置数据地址指针
0	0	0	0	0	0	0	1	显示清屏：数据指针清 0，所有显示清 0
0	0	0	0	0	0	1	0	显示回车，数据指针清 0

LCD1602 的初始化过程如下：

5 初始化过程（复位过程）
5.1 延时 15ms
5.2 写指令 38H(不检测忙信号)
5.3 延时 5ms
5.4 写指令 38H(不检测忙信号)
5.5 延时 5ms
5.6 写指令 38H(不检测忙信号)
5.7 (以后每次写指令、读/写数据操作之前均需检测忙信号)
5.8 写指令 38H：显示模式设置
5.9 写指令 08H：显示关闭
5.10 写指令 01H：显示清屏
5.11 写指令 06H：显示光标移动设置
5.12 写指令 0CH：显示开及光标设置

上述过程需要多次写入 38H 信号，为了确保 LCD1602 内部控制器完成设置，经过测试只写入一次同样可以，但是为了确保程序的稳定，最好按照手册规定完成初始化。图 6-11

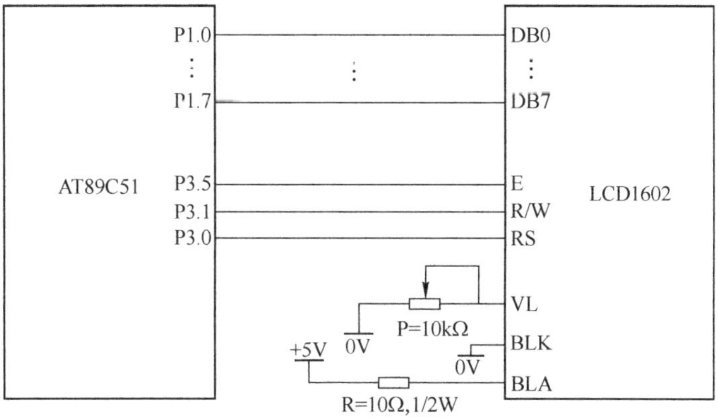

图 6-11 LCD1602 和 AT89C51 系列单片机模拟接线方式

所示是 LCD1602 和 AT89C51 系列单片机模拟接线方式。

小知识窗：

想一想：

在初始化 LCD1602 时，38H 改为 28H 可以设置为 4 数据线传输模式，可以节约 I/O 口，同学们自己探索一下该如何实现。

任务实施

一、绘制原理图

简易电子密码锁的元器件设置与电路原理如图 6-12 所示。其中，液晶数据口接 P2 口，RS 接 P3.0，RW 接 P3.1，E 接 P3.2，背光可以悬空，P1 口接 3×4 矩阵键盘。用到的元器件包括：AT89C51（单片机），BUTTON（按键），LM016L（相当于实际的 1602 显示器）。

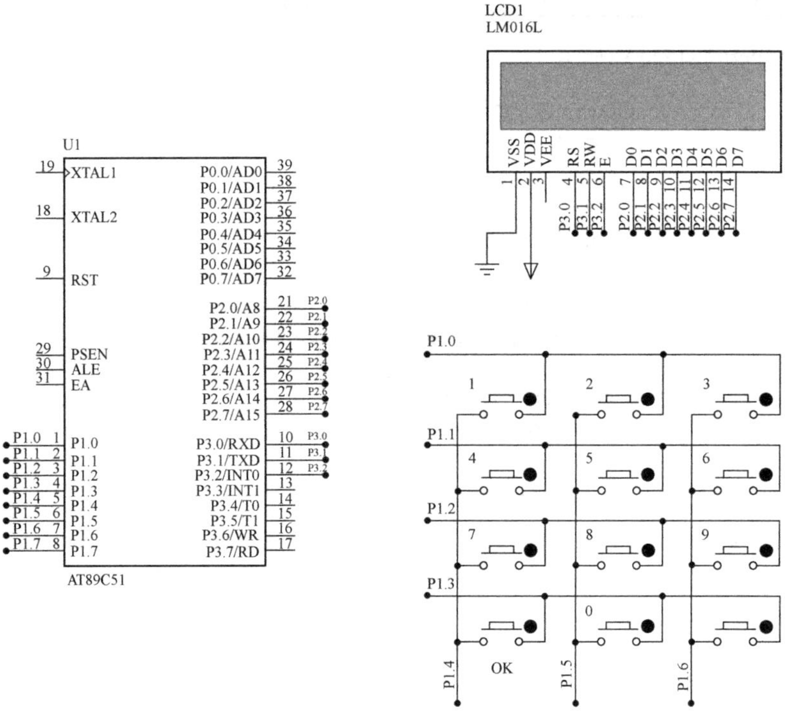

图 6-12　电子密码锁电路原理

二、编写程序

文件结构：

main.c：主程序文件，包括矩阵键盘扫描部分以及运行逻辑；

define.h：I/O 引脚、宏、枚举等的定义；

1602.c：1602 驱动程序的实现；

1602.h：1602 对外开放的接口声明。

```
/ ******************************************************************** /
//main. c
#include <reg52. h>
#include <intrins. h>
#include "1602. h"
#include "define. h"

//按键扫描函数,返回扫描键值
unsigned char KeyScan(void)                //键盘扫描函数,使用行列逐级扫描法
{
    unsigned char Val;
    KeyPort=0xf0;                          //高四位置高,低四位拉低
    if(KeyPort! =0xf0)                     //表示有按键被按下
    {
        DelayMs(10);                       //去抖
        if(KeyPort! =0xf0)
        {                                  //表示有按键被按下
            KeyPort=0xfe;                  //检测第一行
            if(KeyPort! =0xfe)
            {
                Val=KeyPort&0xf0;
                Val+=0x0e;
                while(KeyPort! =0xfe);
                DelayMs(10);               //去抖
                while(KeyPort! =0xfe);
                return Val;
            }
            KeyPort=0xfd;                  //检测第二行
            if(KeyPort! =0xfd)
            {
                Val=KeyPort&0xf0;
                Val+=0x0d;
                while(KeyPort! =0xfd);
                DelayMs(10);               //去抖
                while(KeyPort! =0xfd);
                return Val;
            }
            KeyPort=0xfb;                  //检测第三行
            if(KeyPort! =0xfb)
            {
                Val=KeyPort&0xf0;
                Val+=0x0b;
```

```
                while(KeyPort! =0xfb);
                DelayMs(10);              //去抖
                while(KeyPort! =0xfb);
                return Val;
            }
            KeyPort=0xf7;                 //检测第四行
            if(KeyPort! =0xf7)
            {
                Val=KeyPort&0xf0;
                Val+=0x07;
                while(KeyPort! =0xf7);
                DelayMs(10);              //去抖
                while(KeyPort! =0xf7);
                return Val;
            }
        }
    }
  return 0xff;
}
//按键值处理函数,返回扫键值
unsigned char KeyPro(void)
{
    switch(KeyScan())
    {
        case 0xd7:return 0;break;         //0,按下相应的键显示相对应的码值
        case 0xee:return 1;break;         //1
        case 0xde:return 2;break;         //2
        case 0xbe:return 3;break;         //3
        case 0xed:return 4;break;         //4
        case 0xdd:return 5;break;         //5
        case 0xbd:return 6;break;         //6
        case 0xeb:return 7;break;         //7
        case 0xdb:return 8;break;         //8
        case 0xbb:return 9;break;         //9
        case 0xe7:return 10;break;        //确认
        case 0xb7:return 11;break;
        default:return 0xff;break;
    }
}
//判断密码是否正确
void judgePassWord(char pw_set[],char pw_input[],char len)
{
    char i=0;
```

```
    bit result = 1;
    for(i=0;i<len;i++)
    {
        if(pw_set[i] != pw_input[i])
        {
            result = 0;
            break;
        }
    }

    if(result == 1)
    {
        LCD_Clear();
        LCD_Write_String(0,0,"PassWord Correct");
    }
    else
    {
        LCD_Clear();
        LCD_Write_String(1,0,"PassWord Error");
    }

}
//清空数组
void clearBuf(char buf[],char len)
{
    char i=0;
    for(i=0;i<len;i++)
    {
        buf[i] = 0;
    }
}
//主函数
void main(void)
{
    unsigned char num,wei=0;
    char pw_Set[PW_WEI] = {6,6,6,6,6,6}; //设置初始密码
    char pw_Input[PW_WEI] = {0};          //存储输入的密码

    LCD_Init();
    LCD_Clear();
    LCD_Write_String(1,0,"Input PassWord");
    while (1)
    {
```

```
        num=KeyPro();                    //扫描按键
        if(num! =0xff )
        {
            if(num < 10)
            {
                pw_Input[wei] = num;
                wei++;
                LCD_Write_Char(wei,1,num+0x30);

                if(wei > PW_WEI)
                {
                    judgePassWord(pw_Set,pw_Input,PW_WEI);
                    clearBuf(pw_Input,PW_WEI);
                    wei=0;
                }
            }
            else if(num == 10)
            {
                judgePassWord(pw_Set,pw_Input,PW_WEI);
                clearBuf(pw_Input,PW_WEI);
                wei=0;
            }
        }
    }
}
/ ************************************************************************ /
//define. h
#ifndef _DEFINE_H__
#define _DEFINE_H__
sbit RS = P3^0;
sbit RW = P3^1;
sbit EN = P3^2;
#define RS_CLR RS=0
#define RS_SET RS=1

#define RW_CLR RW=0
#define RW_SET RW=1

#define EN_CLR EN=0
#define EN_SET EN=1

#define DataPort  P2
#define KeyPort  P1     //矩阵键盘
```

```
#define PW_WEI   6     //密码位数

#endif
/ ********************************************************************** /
//1602. h
#ifndef _1602_h__
#define _1602_h__

void DelayUs2x( unsigned char t) ;
void DelayMs( unsigned char t) ;
void LCD_Clear( void) ;
void LCD_Write_String( unsigned char x,unsigned char y,unsigned char  * s) ;
void LCD_Write_Char( unsigned char x,unsigned char y,unsigned char Data) ;
void LCD_Init( void) ;
#endif
/ ********************************************************************** /
//1602. c
#include <reg52. h>
#include <intrins. h>
#include " define. h"
#include " 1602. h"
// μs 延时函数
void DelayUs2x( unsigned char t)
{
while( --t) ;
}
//ms 延时函数
void DelayMs( unsigned char t)
{

while( t--)
{
    //大致延时 1ms
    DelayUs2x( 245) ;
    DelayUs2x( 245) ;
}
}
//判忙函数
bit LCD_Check_Busy( void)
{
    DataPort= 0xFF;
    RS_CLR;
    RW_SET;
```

```
    EN_CLR;
    _nop_();
    EN_SET;
    return (bit)(DataPort & 0x80);
}
//写入命令函数
void LCD_Write_Com(unsigned char com)
{
    //while(LCD_Check_Busy());                    //忙则等待
    DelayMs(5);
    RS_CLR;
    RW_CLR;
    EN_SET;
    DataPort= com;
    _nop_();
    EN_CLR;
}
//写入数据函数
void LCD_Write_Data(unsigned char Data)
{
    //while(LCD_Check_Busy());                    //忙则等待
    DelayMs(5);
    RS_SET;
    RW_CLR;
    EN_SET;
    DataPort= Data;
    _nop_();
    EN_CLR;
}

//清屏函数
void LCD_Clear(void)
{
    LCD_Write_Com(0x01);
    DelayMs(5);
}
//写入字符串函数
void LCD_Write_String(unsigned char x,unsigned char y,unsigned char *s)
{
    if (y == 0)
    {
        LCD_Write_Com(0x80 + x);
    }
```

```
    else
    {
        LCD_Write_Com(0xC0 + x);
    }
    while ( * s)
    {
        LCD_Write_Data( * s);
        s ++;
    }
}
//写入字符函数
void LCD_Write_Char(unsigned char x,unsigned char y,unsigned char Data)
{
    if (y == 0)
    {
        LCD_Write_Com(0x80 + x);
    }
    else
    {
        LCD_Write_Com(0xC0 + x);
    }
    LCD_Write_Data( Data);
}
//初始化函数
void LCD_Init(void)
{
    LCD_Write_Com(0x38);                    //显示模式设置
    DelayMs(5);
    LCD_Write_Com(0x38);
    DelayMs(5);
    LCD_Write_Com(0x38);
    DelayMs(5);
    LCD_Write_Com(0x38);
    LCD_Write_Com(0x08);                    //显示关闭
    LCD_Write_Com(0x01);                    //显示清屏
    LCD_Write_Com(0x06);                    //显示光标移动设置
    DelayMs(5);
    LCD_Write_Com(0x0C);                    //显示开及光标设置
}
```

三、仿真运行

编写好程序文件后，生成 HEX 文件。在 Proteus 的单片机中加载该 HEX 文件，单击

“运行”按钮，分别按两个按键来测试分值的改变，仿真效果如图 6-13 所示。

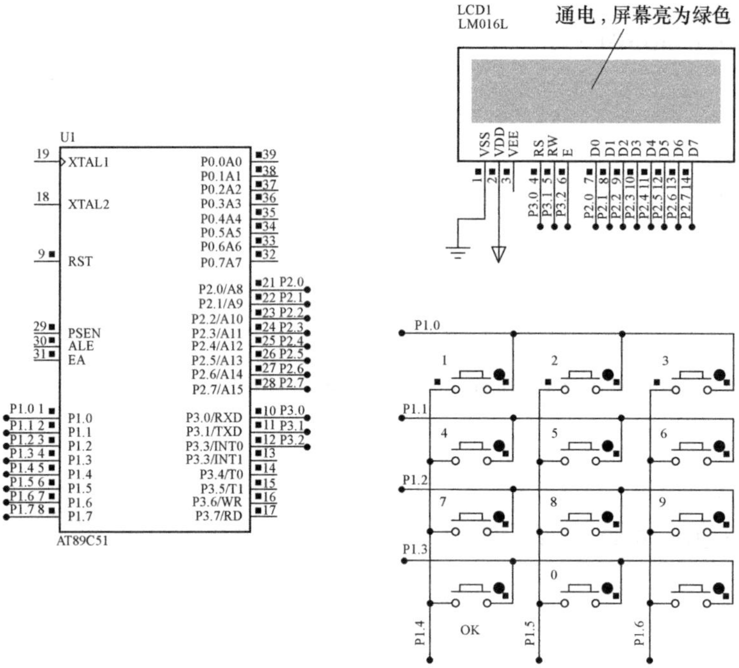

图 6-13　简易电子密码锁仿真效果

任务总结与评价

项目名称：				班级		
工作任务：				姓名		学号
任务过程评价（100 分）						
序号	项目及技术要求	评分标准			得分	
		优秀	良好	仍需努力		
1	正确画出简易电子密码锁的电路，得 20 分					
2	正确编写 LCD1602 部分程序，得 15 分					
3	正确编写矩阵按键部分程序，得 15 分					
4	正确编写整体运行程序，得 20 分					
5	能够说出 LCD1602 读写数据时序，得 15 分					
6	在 Proteus 软件中进行仿真，按下输入密码，效果正常，得 15 分					
总评		总分：				
		教师签字：			年　月　日	

任务拓展

小知识窗：

同学们可能注意到本节的简易电子密码锁，只能预设密码不能修改密码。那么怎样实现修改密码的功能呢？要实现这个功能，就需要用到掉电存储芯片，因为存储的数据量比较小，所以可以采用 EEPROM 去存储数据，常用的芯片是 24C02，使用 IIC 通信协议，同学们可以自己查资料了解一下这款芯片的使用方法，进而实现密码的修改和存储。

任务 3 环境温度检测系统的制作

学习目标

技能目标：

(1) 能够熟练运用 Proteus 软件绘制环境温度检测系统电路图。

(2) 能够正确通过单片机读取温度传感器数据并加以显示。

(3) 能够完成环境温度检测系统的仿真调试。

知识目标：

(1) 能够掌握温度传感器 DS18B20 的特点。

(2) 能够理解 DS18B20 接口的通信方式。

(3) 能够读懂 DS18B20 控制程序。

素养目标：

(1) 在编写 C 语言程序的过程中，能够通过协作的方式解决程序编译过程中遇到的问题。

(2) 在完成任务的过程中，能够总结解决问题的途径与方法。

(3) 程序编写遵循 C 语言编码规范。

描述任务

通过 AT89C51 单片机读取 DS18B20 温度数据，并显示在 LCD1602 上。

任务分析

知识点：

学习温度传感器 DS18B20 的工作原理，掌握传感器 DS18B20 的数据获取方式，学会使用 DS18B20 测量环境温度。

技能点：

(1) 在 Proteus 软件仿真中调试环境温度检测系统。

（2）会调试 DS18B20 传感器。

必备知识

一、DS18B20 简介

DS18B20（图 6-14）是常用的数字温度传感器，其输出的是数字信号，具有体积小，硬件成本低，抗干扰能力强，精度高的特点。

根据应用场合的不同可以改变其外观。封装后的 DS18B20 可用于电缆沟测温、高炉水循环测温、锅炉测温、机房测温、农业大棚测温、洁净室测温、弹药库测温等各种非极限温度场合。耐磨耐碰，体积小，使用方便，封装形式多样，适用于各种狭小空间设备数字测温和控制领域。

DS18B20 的技术性能如下：

1）独特的单线接口方式，DS18B20 在与微处理器连接时仅需要一条 I/O 口线即可实现微处理器与 DS18B20 的双向通信。

2）测温范围为 −55 ~ +125℃，固有测温误差为 1℃。

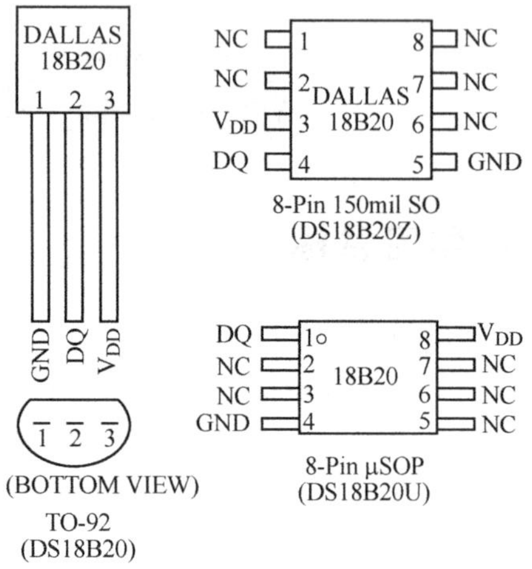

图 6-14　温度传感器 DS18B20

3）支持多点组网功能，多个 DS18B20 可以并联在唯一的三线上，最多能并联 8 个，实现多点测温，如果数量过多，会使供电电源电压过低，从而造成信号传输的不稳定。

4）工作电源为直流 3.0~5.5V（可以数据线寄生电源）。

5）在使用中不需要任何外围元器件。

6）测量结果以 9~12 位数字量方式串行传送。

对于寄生电源，当 I/O 或 V_{DD}引脚为高电平时，这个电路便“取”得电源，只要符合指定的定时和电压要求，I/O 将提供足够的功率。寄生电源的优点是双重的：利用寄生电源引脚，远程温度检测无需本地电源；在缺少正常电源的条件下也可以读 ROM。

DS18B20 接线方法如下：

对于 DS18B20，面对平的那一面，左负右正，一旦接反就会立刻发热，有可能烧毁！同时，接反也是导致该传感器总显示 85℃的原因。在实际操作中，将正负极接反，传感器立即发热，液晶屏不能显示读数，正负极接好后显示 85℃。另外，如果使用 51 单片机，那么中间那个引脚必须接上 4.7~10kΩ 的上拉电阻。否则，由于高电平不能正常输入/输出，因此通电后会立即显示 85℃，或者使用几个月后温度在 85℃与正常值之间乱跳。

二、控制方法

DS18B20 有 6 条控制命令，见表 6-6。

表 6-6 DS18B20 控制命令

指令	说明	约定代码	发出约定代码后单总线的操作	类型
温度变换	启动温度变换	44H	读温度忙状态	温度变换指令
读暂存存储器	从暂存存储器读字节	BEH	读 9 字节数据	存储器命令
写暂存存储器	写字节至暂存存储器地址 2 和 3 处（TH 和 TL 温度触发器）	4EH	写数据至地址 2 和 3 的两个字节	
复制暂存存储器	把暂存存储器复制到非易性存储器（紧地址 2 和 3）	43H	读复制状态	
重新调出 E^2	把存储在非易性存储器内的重新调入暂存器（温度触发器）	E3H	读温度忙状态	
读电源	发送 DS18B20 电源方式的信号至主机	B4H	读电源状态	

1. DS18B20 的初始化

1）先将数据线置高电平“1”。

2）延时（该时间要求的不是很严格，但是尽可能短一点儿）。

3）将数据线拉到低电平“0”。

4）延时 750μs（该时间范围为 480~960μs）。

5）将数据线拉到高电平“1”。

6）延时等待（如果初始化成功，则在 15~60μs 时间之内产生一个由 DS18B20 所返回的低电平“0”。根据该状态可以确定它的存在，但是应注意不能无限地进行等待，不然会使程序进入死循环，所以要进行超时控制）。

7）若 CPU 读到了数据线上的低电平“0”后，还要进行延时，其延时时间从发出的高电平算起（即从第 5 步的时间算起）最少要 480μs。

8）将数据线再次拉高到高电平“1”后结束。

2. DS18B20 的写操作

1）数据线先置低电平“0”。

2）延时时间确定为 15μs。

3）按从低位到高位的顺序发送字节（一次只发送 位）。

4）延时时间为 45μs。

5）将数据线拉到高电平“1”。

6）重复以上 1）~5）的操作直到所有的字节全部发送完为止。

7）最后将数据线拉到高电平“1”。

3. DS18B20 的读操作

1）将数据线拉到高电平“1”。

2）延时时间为 2μs。

3）将数据线拉到低电平“0”。

4）延时时间为 3μs。

5）将数据线拉到高电平“1”。

6）延时时间为 5μs。

7）读数据线的状态得到1个状态位，并进行数据处理。

8）延时时间为60μs。

任务实施

一、绘制原理图

环境温度检测系统的元器件设置与电路原理如图6-15所示。其中，DS18B20接P1.0口，LCD1602数据口接P0，P2.0，P2.1，P2.2分别接LCD1602的RS、RW、E接口。用到的元器件包括：AT89C51（单片机）、LM016L（1602液晶显示）和RES（电阻）等。

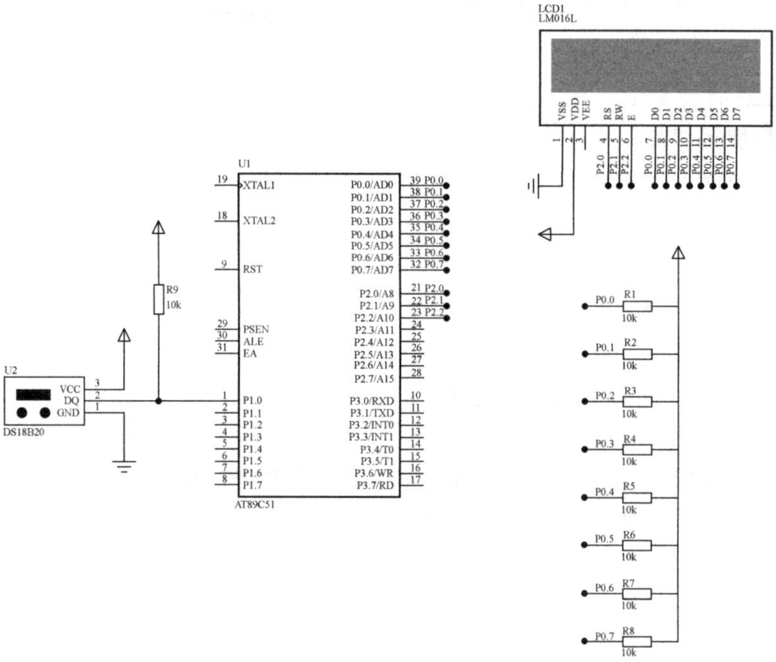

图6-15　环境温度检测系统的元器件设置与电路原理

二、编写程序

文件结构：

main.c：主程序文件，包括矩阵键盘扫描部分以及运行逻辑；

define.h：I/O引脚、宏、枚举等的定义；

1602.c：LCD1602驱动程序的实现；

1602.h：LCD1602对外开放的接口声明；

18b20.c：DS18B20驱动程序的实现；

18b20.h：DS18B20对外开放的接口声明；

delay.c：延时函数的实现；

delay.h：延时函数声明。

程序如下：

```
/ ********************************************************************** /
//main. c
        #include <reg52. h>          //包含头文件,一般情况不需要改动,头文件包含特殊功能寄存器的定义
        #include<stdio. h>
        #include " 18b20. h"
        #include " 1602. h"
        #include " delay. h"
        #include " define. h"

        bit ReadTempFlag;                                //定义读时间标志

        void Init_Timer0( void) ;                        //定时器初始化

        / * ---------------------------------------------
                                主函数
        --------------------------------------------- * /
        void main ( void)
        {
            int temp;
            float temperature;
            char displaytemp[ 16] ;                      //定义显示区域临时存储的数组

            LCD_Init( ) ;                                //初始化液晶屏
            DelayMs( 20) ;                               //延时有助于稳定
            LCD_Clear( ) ;                               //清屏
            Init_Timer0( ) ;
            Lcd_User_Chr( ) ;                            //写入自定义字符
            LCD_Write_String( 0,0," Temperature" ) ;
            LCD_Write_Char( 13,1,0x01) ;                 //写入温度右上角点
            LCD_Write_Char( 14,1,'C') ;                  //写入字符 C

            while ( 1)                                   //主循环
            {
                if( ReadTempFlag = = 1)
                {
                    ReadTempFlag = 0;
                    temp = ReadTemperature( ) ;

                    temperature = ( float) temp * 0. 0625;
                    sprintf( displaytemp," Temp   % 7. 3f" ,temperature) ;  //打印温度值
                    LCD_Write_String( 0,1,displaytemp) ;  //显示第二行
```

```
                }
            }
        }

        //定时器初始化子程序
        void Init_Timer0(void)
        {
            TMOD |= 0x01;                       //使用模式1,16位定时器
            EA=1;                               //总中断打开
            ET0=1;                              //定时器中断打开
            TR0=1;                              //定时器开关打开
        }
        //定时器中断子程序
        void Timer0_isr(void)interrupt 1
        {
            static unsigned int num;
            TH0=(65536-2000)/256;               //重新赋值 2ms
            TL0=(65536-2000)%256;
            num++;
            if(num==300)
            {
                num=0;
                ReadTempFlag=1;                 //将读标志位置1
            }
        }
/*************************************************************************/
//18b20.c
#include "delay.h"
#include "18b20.h"
#include "define.h"
/*------------------------------------------------
                    DS18B20初始化
------------------------------------------------*/
bit Init_DS18B20(void)
{
    bit dat=0;
    DQ = 1;                                     //DQ复位
    DelayUs2x(5);                               //稍做延时
    DQ = 0;                                     //单片机将DQ拉低
    DelayUs2x(200);                             //精确延时 大于480μs,小于960μs
    DelayUs2x(200);
    DQ = 1;                                     //拉高总线
    DelayUs2x(50);                              //15~60μs后接收60~240μs的存在脉冲
```

```
    dat=DQ;                                       //如果 x=0,则初始化成功,x=1 则初始化失败
    DelayUs2x(25);                                //稍作延时返回
    return dat;
}

/*--------------------------------------------
                    读取一个字节
--------------------------------------------*/
unsigned char ReadOneChar(void)
{
    unsigned char i=0;
    unsigned char dat = 0;
    for (i=8;i>0;i--)
    {
        DQ = 0;                                   //给脉冲信号
        dat>>=1;
        DQ = 1;                                   //给脉冲信号
        if(DQ)
        dat|=0x80;
        DelayUs2x(25);
    }
    return(dat);
}
/*--------------------------------------------
            写入一个字节
--------------------------------------------*/
void WriteOneChar(unsigned char dat)
{
    unsigned char i=0;
    for (i=8;i>0;i--)
    {
        DQ = 0;
        DQ = dat&0x01;
        DelayUs2x(25);
        DQ = 1;
        dat>>=1;
    }
    DelayUs2x(25);
}

//读取温度
unsigned int ReadTemperature(void)
{
```

```
    unsigned char a=0;
    unsigned int b=0;
    unsigned int t=0;
    Init_DS18B20();
    WriteOneChar(0xCC);                //跳过读序号列号的操作
    WriteOneChar(0x44);                //启动温度转换
    DelayMs(10);
    Init_DS18B20();
    WriteOneChar(0xCC);                //跳过读序号列号的操作
    WriteOneChar(0xBE);                //读取温度寄存器等(共可读 9 个寄存器),前两
                                         个就是温度
    a=ReadOneChar();                   //低位
    b=ReadOneChar();                   //高位

    b<<=8;
    t=a+b;

    return(t);
}
/ ***************************************************************************** /
//18b20. h
#ifndef __DS18B20_H__
#define __DS18B20_H__
#include <reg52. h>                    //包含头文件,一般情况下不需要改动,头文件
                                         包含特殊功能寄存器的定义
#include <intrins. h>

//函数声明
unsigned int ReadTemperature(void);
bit Init_DS18B20(void);
unsigned char ReadOneChar(void);
voidWriteOneChar(unsigned char dat);

#endif
/ ***************************************************************************** /
//1602. c
#include "1602. h"
#include "delay. h"
#include "define. h"
//写入命令函数
void LCD_Write_Com(unsigned char com)
{
    DelayMs(5);
```

```
    RS_CLR;
    RW_CLR;
    EN_SET;
    DataPort= com;
    _nop_();
    EN_CLR;
}
//写入数据函数
void LCD_Write_Data(unsigned char Data)
{
    DelayMs(5);
    RS_SET;
    RW_CLR;
    EN_SET;
    DataPort= Data;
    _nop_();
    EN_CLR;
}
//清屏函数
void LCD_Clear(void)
{
    LCD_Write_Com(0x01);
    DelayMs(5);
}
//写入字符串函数
void LCD_Write_String(unsigned char x,unsigned char y,unsigned char *s)
{
    if (y == 0)
    {
        LCD_Write_Com(0x80 + x);                    //表示第一行
    }
    else
    {
        LCD_Write_Com(0xC0 + x);                    //表示第二行
    }
    while ( *s)
    {
        LCD_Write_Data( *s);
        s ++;
    }
}
//写入字符函数
void LCD_Write_Char(unsigned char x,unsigned char y,unsigned char Data)
```

```
{
    if (y == 0)
    {
        LCD_Write_Com(0x80 + x);
    }
    else
    {
        LCD_Write_Com(0xC0 + x);
    }
    LCD_Write_Data(Data);
}
//初始化函数
void LCD_Init(void)
{
    LCD_Write_Com(0x38);                    //显示模式设置
    DelayMs(5);
    LCD_Write_Com(0x38);
    DelayMs(5);
    LCD_Write_Com(0x38);
    DelayMs(5);
    LCD_Write_Com(0x38);
    LCD_Write_Com(0x08);                    //显示关闭
    LCD_Write_Com(0x01);                    //显示清屏
    LCD_Write_Com(0x06);                    //显示光标移动设置
    DelayMs(5);
    LCD_Write_Com(0x0C);                    //显示开及光标设置
}
/*-----------------------------------------------
设定两个自定义字符,LCD1602 中自定义字符的地址为 0x00~0x07,即可定义 8 个字符。
这里设定把一个自定义字符放在 0x00 位置(000),另一个放在 0x01 位子(001)
-----------------------------------------------*/
void Lcd_User_Chr(void)
{//第一个自定义字符
    LCD_Write_Com(0x40);        //"01 000 000"  第一行地址（D7D6 为地址设定命令形式,D5D4D3
                                  为字符存放位置 0~7,D2D1D0 为字符行地址 0~7）
    LCD_Write_Data(0x00);       //"XXX 11111" 第一行数据(D7D6D5 为 XXX,表示为任意数(一般
                                  用 000),D4D3D2D1D0 为字符行数据(1—点亮,0—熄灭)
    LCD_Write_Com(0x41);        //"01 000 001" 第二行地址
    LCD_Write_Data(0x04);       //" XXX 10001" 第二行数据
    LCD_Write_Com(0x42);        //" 01 000 010" 第三行地址
    LCD_Write_Data(0x0e);       //" XXX 10101" 第三行数据
    LCD_Write_Com(0x43);        //" 01 000 011" 第四行地址
    LCD_Write_Data(0x0e);       //" XXX 10001" 第四行数据
```

```
    LCD_Write_Com(0x44);            //" 01 000 100" 第五行地址
    LCD_Write_Data(0x0e);           //" XXX 11111" 第五行数据
    LCD_Write_Com(0x45);            //" 01 000 101" 第六行地址
    LCD_Write_Data(0x1f);           //" XXX 01010" 第六行数据
    LCD_Write_Com(0x46);            //" 01 000 110" 第七行地址
    LCD_Write_Data(0x04);           //" XXX 11111" 第七行数据
    LCD_Write_Com(0x47);            //" 01 000 111" 第八行地址
    LCD_Write_Data(0x00);           //" XXX 00000" 第八行数据
    //第二个自定义字符

    LCD_Write_Com(0x48);            //" 01 001 000" 第一行地址
    LCD_Write_Data(0x03);           //" XXX 00001" 第一行数据
    LCD_Write_Com(0x49);            //" 01 001 001" 第二行地址
    LCD_Write_Data(0x03);           //" XXX 11011" 第二行数据
    LCD_Write_Com(0x4a);            //" 01 001 010" 第三行地址
    LCD_Write_Data(0x00);           //" XXX 11101" 第三行数据
    LCD_Write_Com(0x4b);            //" 01 001 011" 第四行地址
    LCD_Write_Data(0x00);           //" XXX 11001" 第四行数据
    LCD_Write_Com(0x4c);            //" 01 001 100" 第五行地址
    LCD_Write_Data(0x00);           //" XXX 11101" 第五行数据
    LCD_Write_Com(0x4d);            //" 01 001 101" 第六行地址
    LCD_Write_Data(0x00);           //" XXX 11011" 第六行数据
    LCD_Write_Com(0x4e);            //" 01 001 110" 第七行地址
    LCD_Write_Data(0x00);           //" XXX 00001" 第七行数据
    LCD_Write_Com(0x4f);            //" 01 001 111" 第八行地址
    LCD_Write_Data(0x00);           //" XXX 00000" 第八行数据
}


/ ************************************************************************** /
//1602.h
#include <reg52.h>                  //包含头文件,一般情况,不需要改动,头文件包含特殊功能寄存器的定义
#include <intrins.h>
#ifndef __1602_H__
#define __1602_H__

bit LCD_Check_Busy(void);
void LCD_Write_Com(unsigned char com);
void LCD_Write_Data(unsigned char Data);
void LCD_Clear(void);
```

```
void LCD_Write_String(unsigned char x,unsigned char y,unsigned char *s);
void LCD_Write_Char(unsigned char x,unsigned char y,unsigned char Data);
void LCD_Init(void);
void Lcd_User_Chr(void);
#endif

/*************************************************************************/
//delay.c
#include " delay.h"
/*------------------------------------------------------
μs 延时函数,含有输入参数 unsigned char t,无返回值
unsigned char 是定义无符号字符变量,其值的范围是
0~255 这里使用晶振 12MHz,精确延时请使用汇编,大致延时
长度如下 T=t×2+5μs
------------------------------------------------------*/
void DelayUs2x(unsigned char t)
{
while(--t);
}
/*------------------------------------------------------
ms 延时函数,含有输入参数 unsigned char t,无返回值,
unsigned char 是定义无符号字符变量,其值的范围是
0~255,这里使用晶振 12MHz,精确延时请使用汇编
------------------------------------------------------*/
void DelayMs(unsigned char t)
{
    while(t--)
    {
        //大致延时 1ms
        DelayUs2x(245);
        DelayUs2x(245);
    }
}


/*************************************************************************/
//delay.h
#ifndef __DELAY_H__
#define __DELAY_H__
/*------------------------------------------------------
μs 延时函数,含有输入参数 unsigned char t,无返回值,
```

```
unsigned char 是定义无符号字符变量,其值的范围是
0~255,这里使用晶振 12MHz,精确延时请使用汇编,大致延时
长度如下 T=t×2+5μs
--------------------------------------------------*/
void DelayUs2x(unsigned char t);
/*--------------------------------------------------
ms 延时函数,含有输入参数 unsigned char t,无返回值,
unsigned char 是定义无符号字符变量,其值的范围是
0~255,这里使用晶振 12MHz,精确延时请使用汇编
--------------------------------------------------*/
void DelayMs(unsigned char t);

#endif
```

三、仿真运行

编写好程序文件后，生成 HEX 文件。在 Proteus 的单片机中加载该 HEX 文件，单击“运行”按钮，分别按两个按键来测试分值的改变，仿真效果如图 6-16 所示。

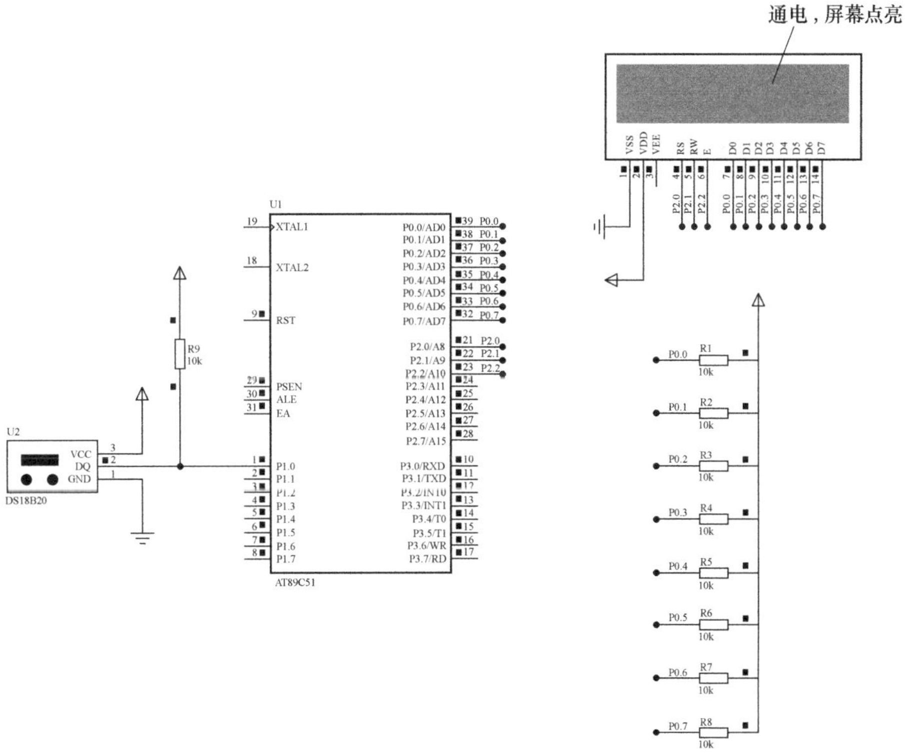

图 6-16　仿真效果

任务总结与评价

<table>
<tr><td colspan="2">项目名称：</td><td>班级</td><td colspan="3"></td></tr>
<tr><td colspan="2">工作任务：</td><td>姓名</td><td colspan="2"></td><td>学号</td></tr>
<tr><td colspan="6">任务过程评价（100 分）</td></tr>
<tr><td rowspan="2">序号</td><td rowspan="2">项目及技术要求</td><td colspan="3">评分标准</td><td rowspan="2">得分</td></tr>
<tr><td>优秀</td><td>良好</td><td>仍需努力</td></tr>
<tr><td>1</td><td>正确画出输出电路，得 20 分</td><td></td><td></td><td></td><td></td></tr>
<tr><td>2</td><td>正确编写 DS18B20 程序，得 30 分</td><td></td><td></td><td></td><td></td></tr>
<tr><td>3</td><td>正确编写液晶部分程序，得 20 分</td><td></td><td></td><td></td><td></td></tr>
<tr><td>4</td><td>能够说出 DS18B20 的特点，得 15 分</td><td></td><td></td><td></td><td></td></tr>
<tr><td>5</td><td>在 Proteus 软件中进行仿真，正确读取温度并显示，得 15 分</td><td></td><td></td><td></td><td></td></tr>
<tr><td rowspan="2">总评</td><td rowspan="2"></td><td colspan="3">总分：</td><td></td></tr>
<tr><td colspan="3">教师签字：</td><td>年 月 日</td></tr>
</table>

任务拓展

小知识窗：

除 DS18B20 之外，常见的测量温度的传感器还有 DHT11。DHT11 不仅可以测量温度，还可以测量湿度。其精度：湿度为±5%RH，温度为±2℃。量程：湿度为 20%~90%RH，温度为 0~50℃。DHT11 数字温湿度传感器是一款含有已校准数字信号输出的温湿度复合传感器，它应用专用的数字模块采集技术和温湿度传感技术，确保产品具有极高的可靠性和卓越的长期稳定性。传感器包括一个电阻式感湿元件和一个 NTC 测温元件，并与一个高性能 8 位单片机相连接。因此该产品具有品质卓越、超快响应、抗干扰能力强、性价比极高等优点。每个 DHT11 传感器都极为精确地在湿度校验室中进行校准。校准系数以程序的形式存储在 OTP 内存中，传感器内部在检测信号的处理过程中要调用这些校准系数。DHT11 传感器采用单线制串行接口，使系统集成变得简易快捷。另外，该传感器超小的体积，极低的功耗，使其成为该类应用中在苛刻应用场合的最佳选择。DHT11 产品为 4 针单排引脚封装，连接方便，如图 6-17 所示。

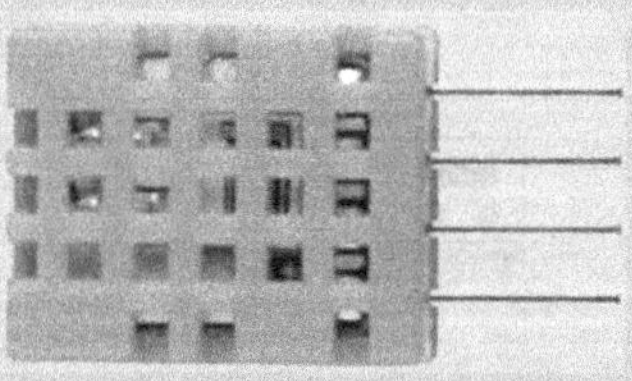

图 6-17　DHT11 传感器

模块7

单片机控制ADC/DAC电路

7

学习指南

在实际生活中，应用单片机技术时，经常需要把外部连续变化的模拟信号（如温度、声音等）送入单片机中进行处理，完成这种模拟量到数据量转换的器件称为模数（A/D）转换器，它是应用单片机的数据信号与外界的模拟信号进行交换时必不可少的器件。

通过本任务将了解到单片机控制 ADC0809 完成数字电压表的设计过程，包括原理图的绘制、编程及仿真运行；学习 ADC0809 的控制方法，并学习单片机的 C 语言程序设计。

能力体系

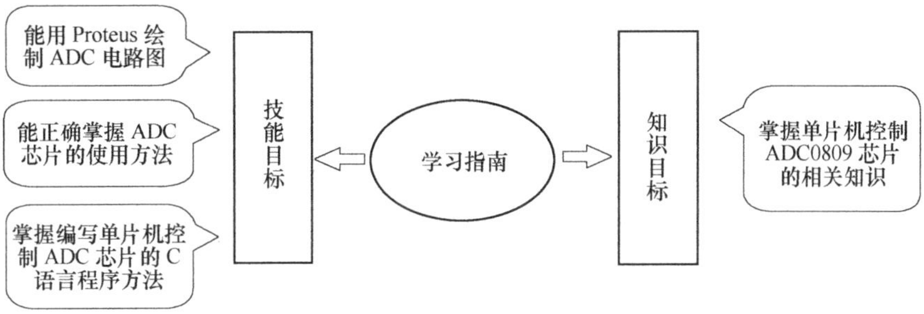

学习建议

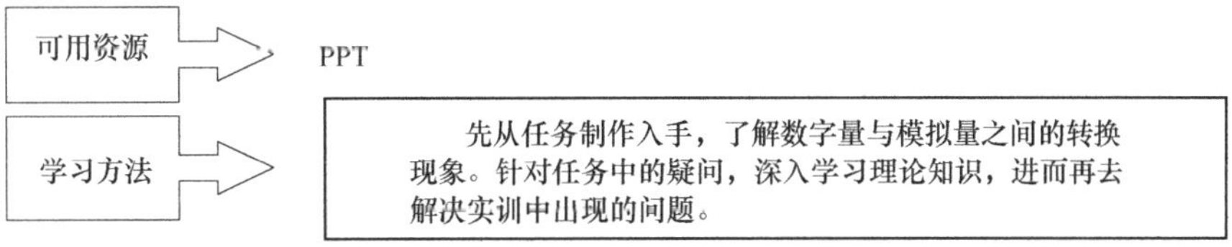

任务1 数字电压表的制作

学习目标

技能目标：

（1）能够熟练运用 Proteus 软件绘制单片机与 ADC0809 芯片电路图。

（2）能正确使用 ADC0809 芯片。

知识目标：

（1）能够正确编写用单片机控制 ADC0809 芯片的 C 语言程序。

（2）能够设计数字电压表电路原理图。

素养目标：

（1）在编写 C 语言程序的过程中，能够通过协作的方式解决程序编译过程中遇到的问题。

（2）在完成任务的过程中，能够总结解决问题的途径与方法。

描述任务

本任务是利用由单片机和 A/D 转换器组成的系统测量模拟电压，并在数码管上显示出来，也就是制作一个能测量模拟电压的简易数字电压表。

任务分析

知识点：

学习 A/D 转换芯片在单片机系统中的硬件接口技术，熟悉模拟信号采集与输出数据显示的综合程序的编写与调试。

技能点：

（1）将电位器作为模拟量的输入源，连接到 ADC0809 芯片的输入通道 1。

（2）调节电位器，数码显示器的数值随电压的变化而增大或者减小。

必备知识

一、ADC0809 的特性和技术指标

8 路输入通道，8 位 A/D 转换器，即分辨率为 8 位。线性误差为±1LSB。

单一电源：5V。

模拟输入电压范围：单极性，0~5V。

转换速度取决于芯片的时钟频率，时钟频率范围为 10~1280kHz，转换需要 64 个时钟脉冲。时钟频率 CLK=500kHz，转换时间 TCONV=128μs。

使用时不需要进行零点和满刻度调节。

二、ADC0809 的内部逻辑结构

ADC0809 的内部逻辑结构如图 7-1 所示。图中，多路开关可选通 8 个模拟通道，允许 8 路模拟量分时输入，共用一个 A/D 转换器进行转换。地址锁存与译码电路完成对 A、B、C 三个地址位进行锁存和译码，其译码输出用于通道选择，其转换结果通过三态输出锁存器输出，因此可以直接与系统数据总线相连，其通道选择见表 7-1。

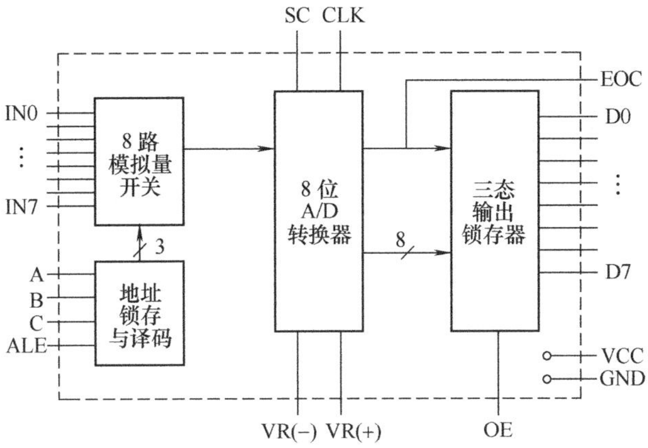

图 7-1　ADC0809 的内部逻辑结构

表 7-1　通道选择

地址编码			选中通道	地址编码			选中通道
C	B	A		C	B	A	
0	0	0	IN0	1	0	0	IN4
0	0	1	IN1	1	0	1	IN5
0	1	0	IN2	1	1	0	IN6
0	1	1	IN3	1	1	1	IN7

三、ADC0809 的引脚及功能

ADC0809 的主要信号引脚排列如图 7-2 所示。其引脚功能说明如下：

IN0～IN7：8 路模拟量输入端。

A、B、C：模拟通道地址选择端，A 为低位，C 为高位。

ALE：地址锁存允许信号，高电平有效。当此信号有效时，A、B、C 三位地址信号被送入地址锁存器中。

ST(START)：转换启动信号，正脉冲有效。上升沿时，将内部逐次逼近寄存器清零；下降沿时，启动 A/D 转换；在 A/D 转换期间，ST 应保持低电平。

D0～D7：数据输出端。三态缓冲输出形式，可以和单片机的数据线直接相连。

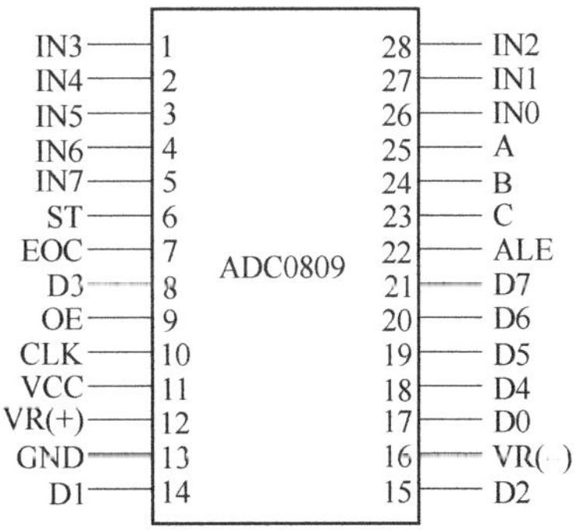

图 7-2　ADC0809 引脚排列

OE：输出允许信号，高电平有效。该信号用于控制三态输出锁存器向单片机输出转换得到的数据。若 OE=0，则输出数据线呈高阻；若 OE=1，输出转换得到的数据。

CLK（CLOCK）：时钟信号输入端，决定 A/D 转换的速度。ADC0809 的内部没有时钟电路，所需时钟信号由外部提供，因此有时钟信号引脚，时钟信号频率范围为 50～800kHz。

EOC：转换结束信号，高电平有效，表示一次 A/D 转换结束。EOC=0，表明正在进行转换；EOC=1，表明转换已结束。该信号既可作为查询的状态标志，又可作为中断请求信号使用。

VR：基准参考电压端，决定了输入模拟量的量程范围。

四、转换数据的传送

EOC是转换结束输出信号，根据单片机读入转换结果的方式，EOC端和单片机有三种连接方式：

（1）延时方式　EOC端悬空，启动转换后，延时64个脉冲，即CLK = 640kHz时，TCONV = 100μs，单片机直接读取转换结果。

（2）查询方式　EOC端接单片机端口线，单片机在EOC = 0时等待，当EOC = 1时读取转换结果。

（3）中断方式　EOC端经非门接单片机的外部中断引脚，转换结束时在外部中断引脚上形成下降沿，向单片机申请中断服务。单片机在外部中断服务函数中读取转换结果。

不管使用哪一种方式，只要确定转换完成，就可通过指令进行数据传送了。

五、ADC0809的工作时序

ADC0809芯片的工作时序如图7-3所示。在ALE脉冲出现后，地址便马上被锁存（ADD A，ADD B，ADD C），这时启动端加上启动脉冲后，开始转换。EOC控制输出为低电平，以指示转换操作正在进行中，直到转换完成后EOC再变高电平。单片机CPU收到变为高电平的EOC信号后，立即送出OE信号，当在OE端加上高电平时，在数据端D7～D0输出A/D转换的结果。

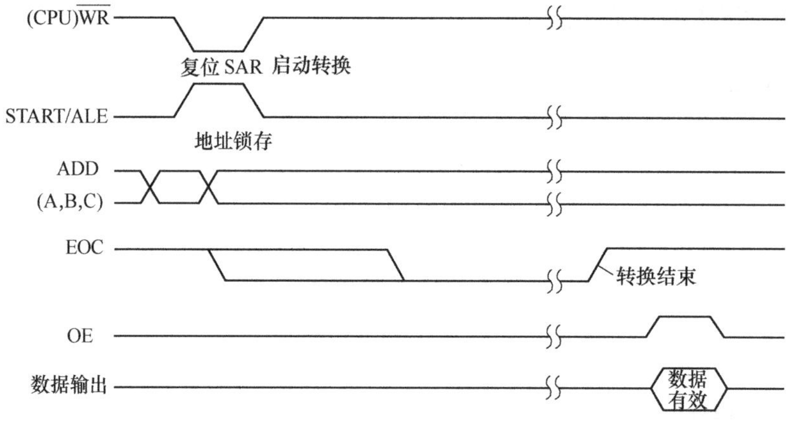

图7-3　ADC0809的工作时序

任务实施

一、绘制电路原理图

1. ADC0809引脚连接

数字电压表电路所需元器件及电路原理如图7-4、图7-5所示。其中，ADC0809的8位数字量输出引脚接单片机的 P0 口，模拟输入量接 ADC0809 的 IN1，ADC0809 的 CLK 引脚接 500kHz 脉冲信号源，START 和 ALE、OE、EOC 引脚分别接单片机的 P3.0，P3.1，P3.2 引脚。

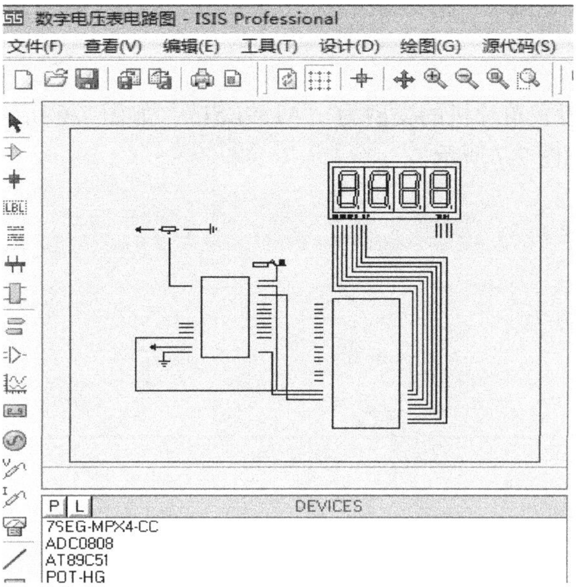

图 7-4　数字电压表电路所需元器件

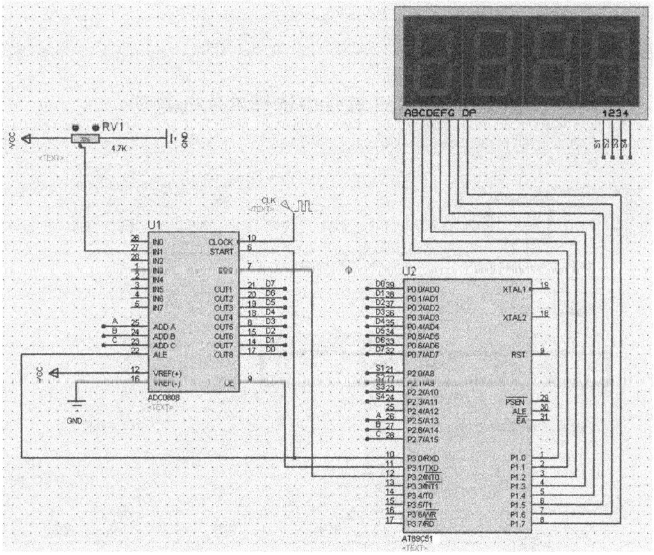

图 7-5　用 Proteus 绘制数字电压表电路原理

2. ADC0809 工作过程

单片机 P2.5，P2.6，P2.7 用来控制 ADC0809 的模拟通道地址选择端，选择 IN1 通道，

P3.0、P3.1 用来控制 ADC0809 的 A/D 转换开始并且允许输出数据，P3.0 用来判断转换是否结束，一旦转换结束，数据将传送到单片机，在数码管上显示出相应的数据。当改变电位器 RV1 的阻值时，ADC0809 的输入电压发生变化，数码管上显示的电压值也发生相应的变化。

二、编写程序文件

运行 Keil 软件，设置单片机的类型为“AT89C51”，如图 7-6 所示，设置文件的输出类型为“HEX 文件”，如图 7-7 所示。

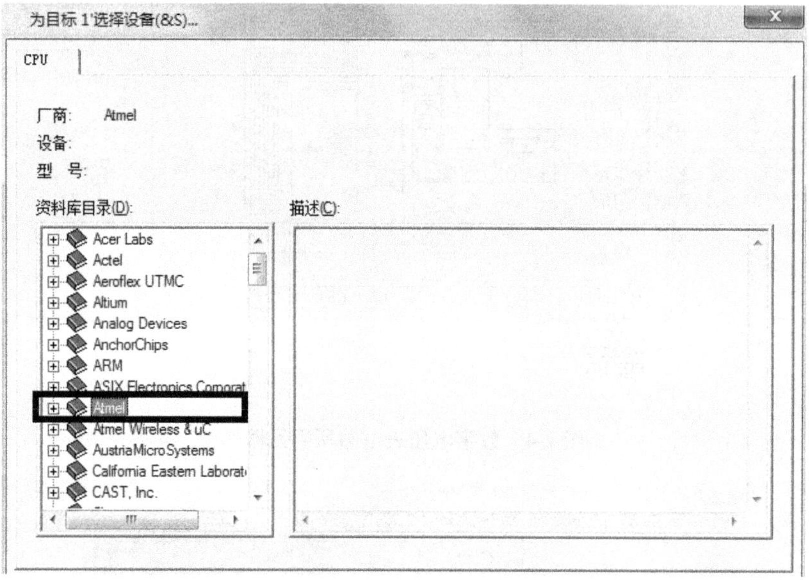

图 7-6　在 Keil 软件中选择单片机类型

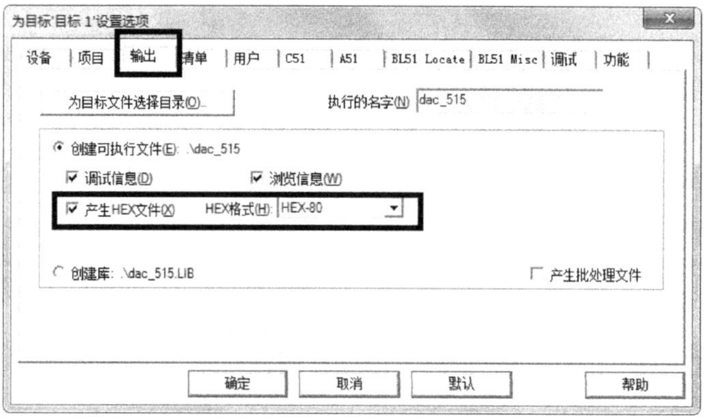

图 7-7　Keil 软件生成 HEX 文件

将 Keil 软件与 Proteus 软件进行联调，如图 7-8 所示，查看程序的运行结果，如图 7-9 所示。

图 7-8　Keil 软件与 Proteus 软件进行联调

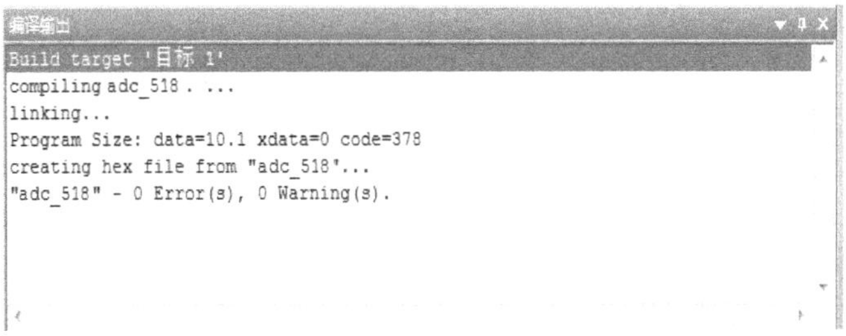

图 7-9　Keil 软件对程序进行编译

//数字电压表 C 语言程序如下:

```
#include <reg51. h>
unsigned char code tabled[ ] = {0x3f,0x06,0x5b,0x4f,0x66,0x6d,0x7d,0x07,0x7f,0x6f};
unsigned char disp[4] = {0,0,0,0};
unsigned int results,getdata;
char j;
sbit ST=P3^0;                          //定义端口
sbit OE=P3^1;
sbit EOC=P3^2;
sbit S1=P2^0;
sbit S2=P2^1;
sbit S3=P2^2;
sbit S4=P2^3;
sbit a=P2^5;
sbit b=P2^6;
sbit c=P2^7;
```

```
void delay(unsigned int);
void display( );
void adc0809( );
void main( )                              //主函数
{
    while(1)
        {adc0809( );
        display( );
        }
}
void delay (unsigned int z)               //延时子程序
{
unsigned int x,y;
  for(x=z;x>0;x--)
    for(y=110;y>0;y--)
  ;
}
void adc0809( )                           //ADC0809 转换子程序
{
  a=1;
  b=0;
  c=0;
  OE=0;
  ST=0;
  ST=1;
  ST=0;
  while(EOC==0);
  OE=1;
  getdata=P0;
  OE=0;
  results=getdata*196;
  disp[2]=results/10000;
  disp[1]=(results/1000)%10;
  disp[0]=(results/100)%10;
}
void display( )                           //数码管显示子程序
{
  S1=1;
  P1=tabled[disp[2]]+0x80;
  S1=0;
  delay(5);
```

```
    S1=1;
    S2=1;
    P1=tabled[disp[1]];
    S2=0;
    delay(5);
    S2=1;
    S3=1;
    P1=tabled[disp[0]];
    S3=0;
    delay(5);
    S3=1;
}
```

三、仿真运行

编写好程序文件后，生成“HEX 文件”在 Proteus 的单片机中加载该“HEX 文件”，单击“运行”按钮，数码管显示输入的电压值。其仿真效果如图 7-10 所示。在用 Proteus 软件实现数字电压表的仿真时，ADC0809 没有仿真模型，所以在本任务中选择与 ADC0809 功能兼容的 ADC0808 作为仿真器件。在选择四位数码管时，同时注意共阴极数码管与共阳极数码管的区别。

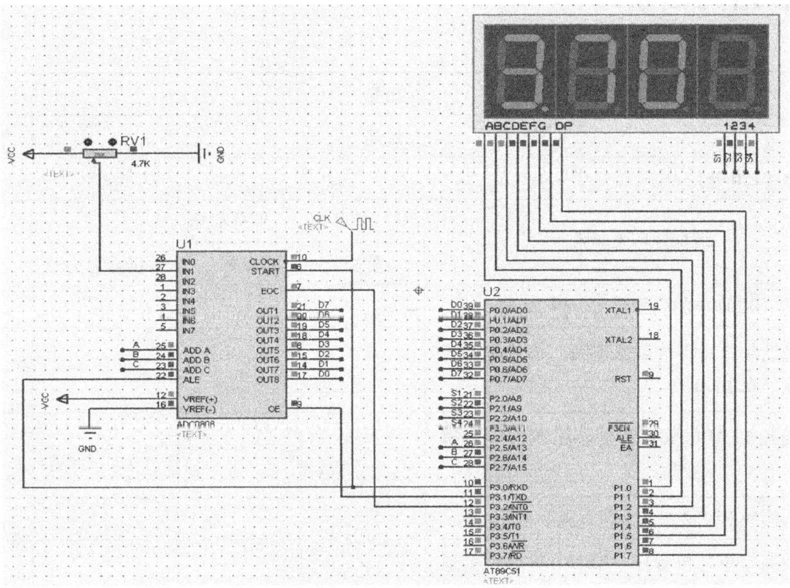

图 7-10 用 Proteus 软件实现数字电压表仿真效果

值得注意的是，Proteus 软件仿真中可调电阻变化会对电压表产生一定的影响，如图 7-11 所示。

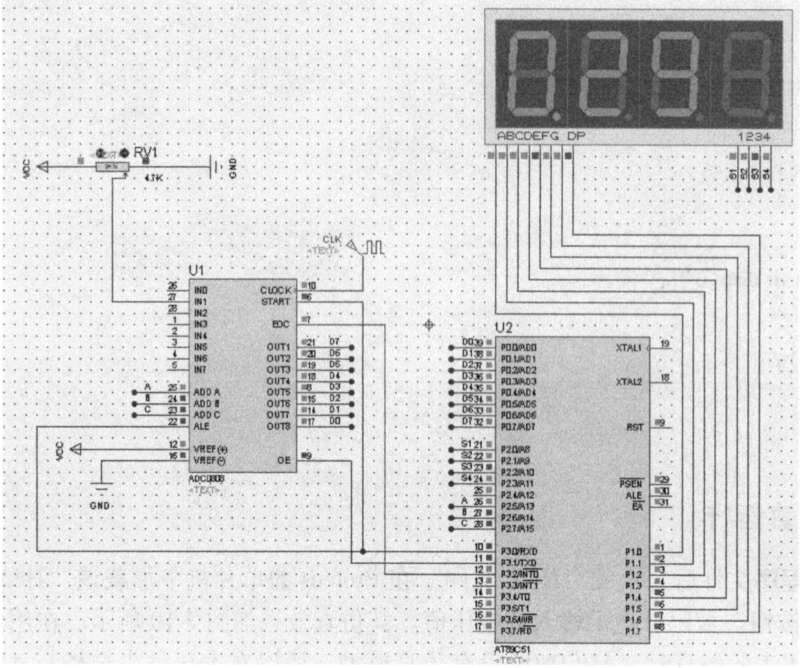

图 7-11　Proteus 软件仿真中可调电阻变化对电压表的影响

任务总结与评价

<table>
<tr><td colspan="2">项目名称：</td><td>班级</td><td colspan="3"></td></tr>
<tr><td colspan="2">工作任务：</td><td>姓名</td><td colspan="2"></td><td>学号</td></tr>
<tr><td colspan="6">任务过程评价（100 分）</td></tr>
<tr><td rowspan="2">序号</td><td rowspan="2">项目及技术要求</td><td colspan="3">评分标准</td><td rowspan="2">得分</td></tr>
<tr><td>优秀</td><td>良好</td><td>仍需努力</td></tr>
<tr><td>1</td><td>简述 ADC0809 的引脚定义，得 10 分</td><td></td><td></td><td></td><td></td></tr>
<tr><td>2</td><td>正确绘制单片机电路原理图，单片机能正常工作，得 10 分</td><td></td><td></td><td></td><td></td></tr>
<tr><td>3</td><td>正确绘制 ADC0809 采集电压源电路，得 30 分</td><td></td><td></td><td></td><td></td></tr>
<tr><td>4</td><td>正确绘制 RS232 串行通信电路，得 10 分</td><td></td><td></td><td></td><td></td></tr>
<tr><td>5</td><td>正确编写单片机程序，RS232 与单片机通信正常，得 20 分</td><td></td><td></td><td></td><td></td></tr>
<tr><td>6</td><td>正确编写单片机程序，RS232 能够显示电压源电压，得 20 分</td><td></td><td></td><td></td><td></td></tr>
<tr><td rowspan="2">总评</td><td rowspan="2"></td><td colspan="3">总分：</td><td></td></tr>
<tr><td colspan="3">教师签字：</td><td>年　月　日</td></tr>
</table>

任务拓展

小知识窗：

（1）量化误差　量化误差是因转换器有限字长对输入模拟量进行量化而引起的误差，其大小在理论上为一个单位分辨率，故量化误差和分辨率是统一的，即提高分辨率可以减小量化误差。

（2）转换速度　转换速度是指 A/D 转换器在每秒钟所能完成的转换次数，也可表述为转换时间，即完成一次 A/D 转换所需的时间，两者互为倒数。转换时间是从接收转换启动信号开始，到输出端获得稳定的数字信号所经过的时间。

任务 2　波形发生器的制作

学习目标

技能目标：

（1）能够熟练运用 Proteus 软件绘制单片机与 DAC0832 芯片电路图。

（2）能正确使用 DAC0832 芯片。

知识目标：

（1）能够正确编写用单片机控制 DAC0832 芯片的 C 语言程序。

（2）能够设计波形发生器电路原理图。

素养目标：

（1）在编写 C 语言程序的过程中，能够通过协作的方式解决程序编译过程中遇到的问题。

（2）在完成任务的过程中，能够总结解决问题的途径与方法。

描述任务

通过 AT89C51 单片机执行指定的波形程序，向 DAC0832 的输入端按一定的规律发送数据，从而在 D/A 转换电路的输出端得到相应的电压波形。本任务利用按键控制单片机系统，通过 DAC0832 输出正弦波、三角波和方波。

任务分析

知识点：

学习 D/A 转换芯片在单片机系统中的硬件接口技术，熟悉模拟信号采集与输出数据显示的综合程序与编译方法。

技能点：

（1）能够在 Proteus 软件仿真中调试示波器。

（2）能够对三角波、正弦波进行调试与控制。

必备知识

一、DAC0832的主要技术指标

分辨率8位，其中分辨率是指D/A转换器能分辨的最小输出模拟增量。

电流稳定时间为1μs。

单一电源供电，电源电压为+5～+15V。

低功耗为20mW。

二、DAC0832的内部逻辑结构和引脚特性

DAC0832的内部逻辑结构如图7-12所示。DAC0832中有两级锁存器，第一级锁存器称为输入寄存器，它的锁存信号为ILE；第二级锁存器称为DAC寄存器，它的锁存信号为传输控制信号$\overline{XFER}$。因为有两级锁存器，所以DAC0832可以工作在双缓冲器方式，即在输出模拟信号的同时采集下一个数字量，这样能有效地提高转换速度。此外，两级锁存器还可以在多个D/A转换器同时工作时，利用第二级锁存器信号来实现多个转换器同步输出。

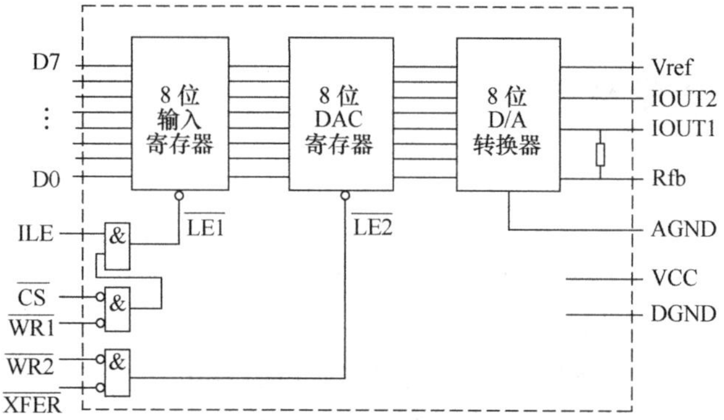

图7-12　DAC0832的内部逻辑结构

DAC0832各引脚的特性如下：

$\overline{CS}$：片选信号输入线（选通数据锁存器），低电平有效。

ILE：数据锁存允许控制信号输入线，高电平有效。

$\overline{WR1}$：写信号1，数据锁存器写选通输入线，负脉冲（脉宽应大于500ns）有效。由ILE、$\overline{CS}$、$\overline{WR1}$的逻辑组合产生$\overline{LE1}$，当$\overline{LE1}$为高电平时，数据锁存器状态随输入数据线变换，$\overline{LE1}$的负跳变时将输入数据锁存。

$\overline{WR2}$：写信号2，将锁存在输入寄存器中的数据送到DAC寄存器中进行锁存。

$\overline{XFER}$：数据传输控制信号输入线，低电平有效，负脉冲（脉宽应大于500ns）有效。

D0～D7：8位数据输入线，TTL电平，有效时间应大于90ns（否则锁存器的数据会出错）。

IOUT1：电流输出端1，其值随DAC寄存器的内容线性变化。

IOUT2：电流输出端2，其值与IOUT1值之和为一常数。

Rfb：反馈信号输入线，改变Rfb端外接电阻值可调整转换满量程精度。

Vref：基准电压输入线，其范围为-10～+10V。

VCC：电源输入端，其范围为+5～+15V。

AGND：模拟信号地。

DGND：数字信号地。

三、DAC0832 的工作方式

根据对 DAC0832 的数据锁存器和 DAC 寄存器的不同控制方式，DAC0832 有三种工作方式，即直通方式、单缓冲方式和双缓冲方式。

（1）单缓冲方式　单缓冲方式是控制输入寄存器和 DAC 寄存器同时接收数据，或者只用输入寄存器而把 DAC 寄存器接成直通方式。此方式适用于只有一路模拟量输出或几路模拟量异步输出的情形。

（2）双缓冲方式　双缓冲方式是先使输入寄存器接收数据，再控制输入寄存器的输出数据到 DAC 寄存器，即分两次锁存输入数据。此方式适用于多个 D/A 转换同步输出的情形。

（3）直通方式　直通方式是数据不经两级锁存器锁存，即 $\overline{WR1}$，$\overline{WR2}$，$\overline{XFER}$、$\overline{CS}$端接地，ILE 接高电平。此方式适用于连续反馈控制线路和不带微机的控制系统。应注意的是，使用时必须通过另加 I/O 接口与 CPU 连接，以匹配 CPU 与 D/A 转换。

四、DAC0832 的工作时序

DAC0832 的工作时序如图 7-13 所示。当 ILE＝1 时，只有当$\overline{CS}$、$\overline{WR1}$都为 0 时输入寄存器才允许输入；当$\overline{WR2}$，$\overline{XFER}$都为 0 时，输入寄存器里的信息才能写入 DAC 寄存器。

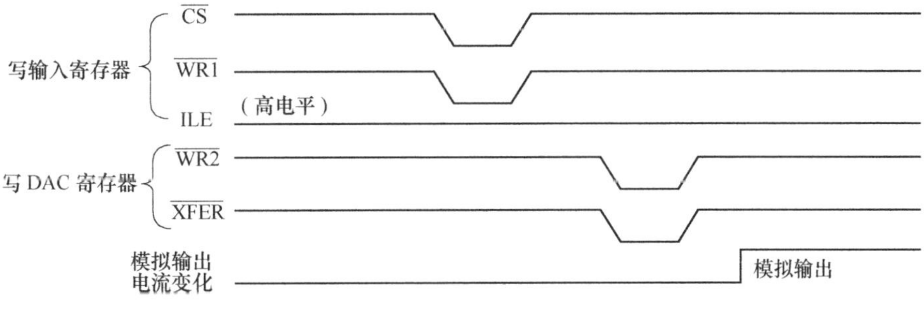

图 7-13　DAC0832 的工作时序

任务实施

一、绘制原理图

波形发生器的元器件设置与电路原理图分别如图 7-14 和图 7-15 所示。其中，波形切换按钮连接到 P3.2，DAC0832 的 8 位数字输入端连接到 P2 口，P3.2、P3.3 分别接到$\overline{CS}$，

$\overline{WR1}$，$\overline{WR2}$。IOUT1 连接到 NE5532 的反相输入端。

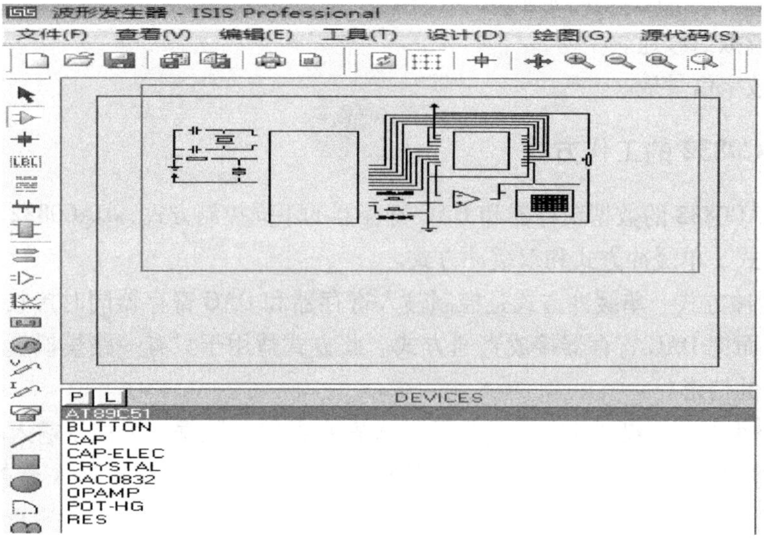

图 7-14 波形发生器的元器件设置

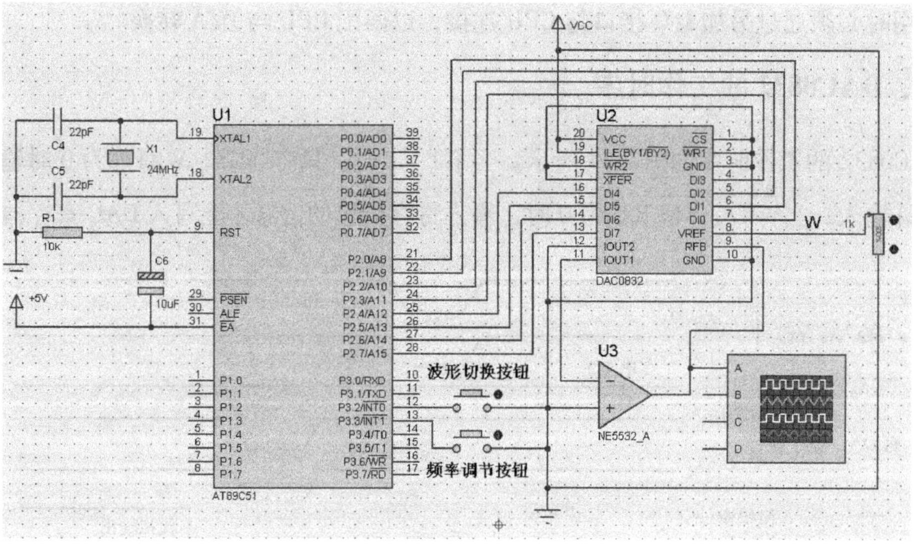

图 7-15 波形发生器的电路原理

二、编写程序

在 Keil 软件中对单片机的类型进行设置，Atmel 选项中选择“AT89C51”。设置文件的输出类型为“HEX 文件”，如图 7-16 所示。

将 Keil 软件与 Proteus 软件进行联调，如图 7-17 所示，查看程序的运行结果，如图 7-18 所示。

图 7-16　设置文件输出类型为 HEX 文件

图 7-17　将 Keil 软件与 Proteus 软件进行联调

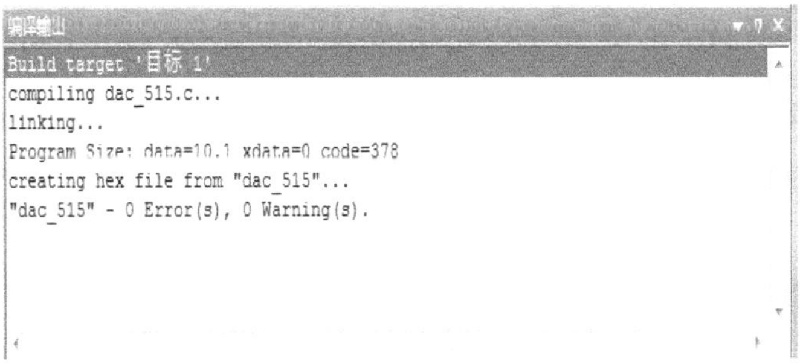

图 7-18　查看程序的运行结果

```
#include <reg51. h>
#define uchar unsigned char
#define uint unsigned int
```

```
sbit csda=P2^2;
sbit wr=P2^1;
sbit s1=P3^2;
sbit s2=P3^3;
uchar k=0,p=0,delay=0;
uchar bxxz=0;plv=0;
uchar a=1,b=0,c=0;
//正弦波数据
uchar code sin[64]={
135,145,158,167,176,188,199,209,218,226,234,240,245,249,252,254,254,253,251,247,243,237,
230,222,213,204,193,182,170,158,146,133,121,108,96,84,72,61,50,41,32,24,17,11,7,3,1,0,0,2,5,9,
14,20,28,36,45,55,66,78,90,102,114,128};
//方波数据
uchar code fang[64]={
255,255,255,255,255,255,255,255,255,255,255,255,255,255,255,255,255,255,255,255,255,255,
255,255,255,255,255,255,255,255,255,255,0,0,0,0,0,0,0,0,0,0,0,0,0,0,0,0,0,0,0,0,0,0,0,0,0,0,
0,0,0,0,0};
//三角波数据
uchar code sanjiao[64]={
0,8,16,24,32,40,48,56,64,72,80,88,96,104,112,120,128,136,144,152,160,168,176,184,192,200,
208,216,224,232,240,248,248,240,232,224,216,208,200,192,184,176,168,160,152,144,136,128,120,
112,104,96,88,80,72,64,56,48,40,32,24,16,8,0};

void delay1()                              //延时子程序
{
    int a,b;
    for(a=1;a>0;a--)
        for(b=122;b>0;b--);
}

void int0() interrupt 0                    //中断处理子程序,用于波形切换
{
    EX0=0;
    delay1();
    if(s1==0)
    {
        bxxz++;
        if(bxxz==3)
        bxxz=0;
        switch(bxxz)
        {
```

```
            case 0 :
                {a=1,b=0,c=0;}          //正弦波
                break;
            case 1 :
                {a=0,b=1,c=0;}          //方波
                break;
            case 2 :
                {a=0,b=0,c=1;}          //三角波
                break;
            }
        delay1();
        while(! s1);
    }
    while(! s1);
    EX0=1;
}
void int1()interrupt 2                  //波形频率控制子程序
{
  EX1=0;
  delay1();
  if(s2==0){
  p++;
  if(p==8)
  p=0;
  switch(p)
  {
      case 1 :
          plv=4;                        //400Hz
          break;
      case 2 :
          plv=8;                        //250Hz
          brcak;
      case 3 :
          plv=16;                       //140Hz
          break;
      case 4 :
          plv=32;                       //75Hz
          break;
      case 5 :
          plv=64;                       //40Hz
          break;
```

```
        case 6 :
            plv=125;                    //20Hz
            break;
        case 7 :
            plv=255;                    //10Hz
            break;
        default:
            plv=0;                      //1000Hz
            break;
        }
        delay1();
        while(! s2);
    }
    while(! s2);
    EX1=1;
}
void main()
{
    csda=0;
    wr=0;
    EA=1;
    IT0=1;
    EX0=1;
    IT1=1;
    EX1=1;
    plv=15;
    while(1)
    {       while(a)                    //产生正弦波
        {   delay=plv;                  //获取周期数据
            P2=sin[k];                  //数据数 P2 口进行波形转换
            k++;
            if(k==64)                   //一个周期取 64 点波数据
            k=0;
            while(delay)                //延时处理
            delay--;
        }
        while(b)                        //产生方波
        {
            delay=plv;
            P2=fang[k];
            k++;
```

```
        if(k==64)
        k=0;
        while(delay)
        delay--;
    }
    while(c)                          //产生三角波
    {
        delay=plv;
        P2=sanjiao[k];
        k++;
        if(k==64)
        k=0;
        while(delay)
            delay--;
    }
  }
}
```

三、仿真运行

编写好程序文件后，生成 HEX 文件。在 Proteus 的单片机中加载该 HEX 文件，单击“运行”按钮，原理图无误，则在示波器元件上单击右键选择“Digital Oscilloscope”，如图 7-19 所示，显示仿真波形。

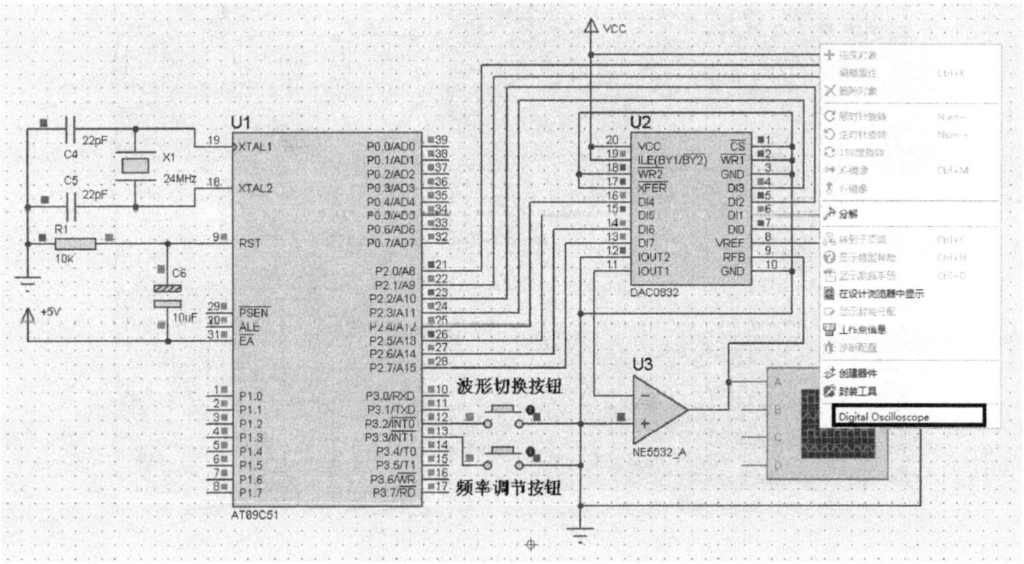

图 7-19 仿真中打开示波器窗口

单击“波形切换”按钮，示波器依次仿真正弦波、方波、三角波，分别如图7-20、图7-21、图7-22所示。

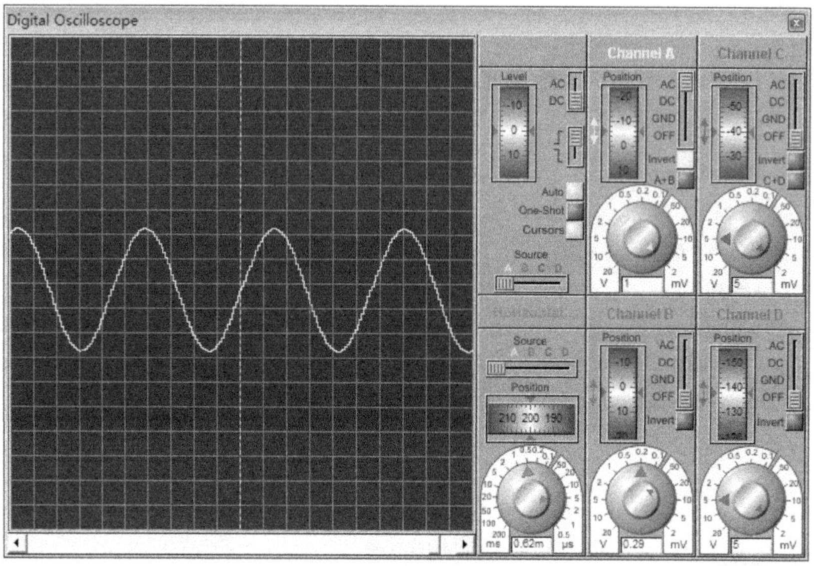

图7-20　示波器显示正弦波

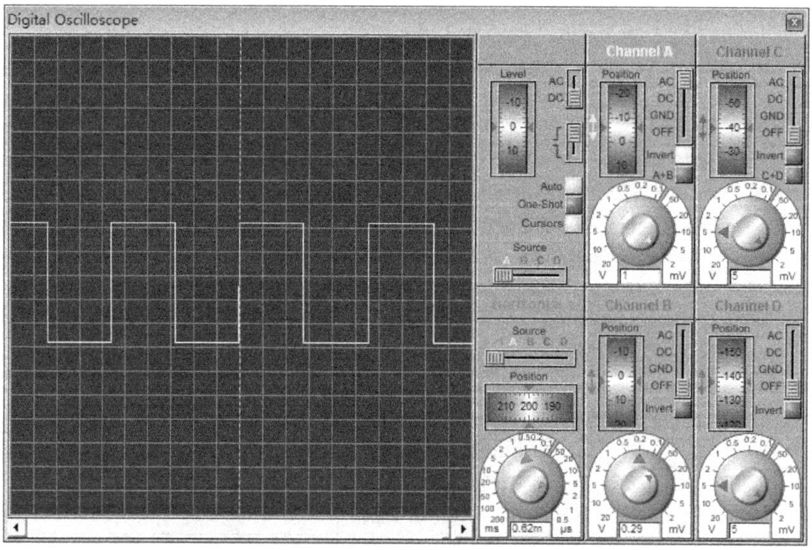

图7-21　示波器显示方波

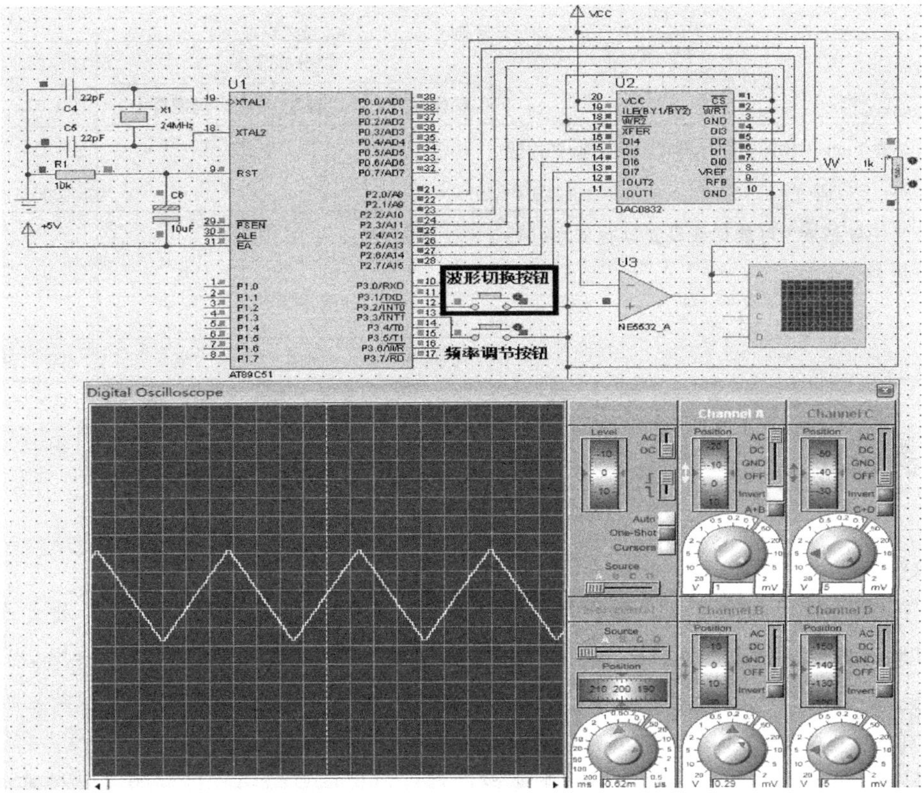

图 7-22　示波器显示三角波

任务总结与评价

项目名称：		班级			
工作任务：		姓名		学号	
任务过程评价（100 分）					
序号	项目及技术要求	评分标准			得分
		优秀	良好	仍需努力	
1	绘制本任务原理图，所选元件设置正确，得 10 分				
2	绘制单片机与 DAC0832 芯片的连接电路正确，得 20 分				
3	编写单片机程序正确，正弦波控制程序正确，得 10 分				
4	编写三角波控制程序正确，得 10 分				
5	波形发生器程序编译正确，得 20 分				
6	Keil 软件与 Proteus 软件联调成功，得 10 分				

（续）

序号	项目及技术要求	评分标准			得分
		优秀	良好	仍需努力	
7	在 Proteus 软件中进行仿真，按下独立式按键，效果正常，得 10 分				
8	任务拓展，可能创新设置其他波形，得 10 分				
总评		总分：			
		教师签字：			年　月　日

任务拓展

小知识窗：

DAC0832 用于电流输出，为了取得电压输出，需在电流输出端连接运算放大器，R_{fb} 为运算放大器的反馈电阻端。

想一想：

如何改变方波的周期和幅值？

提示：通过改变延时时间可以改变波形周期；通过改变输出二进制的最大值可以改变波形的幅值。

附录

C51程序设计基础知识

一、C51 程序设计的基本语法

下面以一段完整的 C51 程序为例，了解 C51 程序的基本结构和组成。

```
#include<AT89X51. h>                    //预处理命令
#include <stdio. h>
void main( void)                        //主函数名
{
//这是第一种注释方式
    SCON=0x50;                          //串口方式 1,允许接收
    TMOD=0x20;                          //设定定时器 1 工作在定时方式 2
    TCON=0x40;                          //设定定时器 1 开始计数
    TH1=0xE8;                           //晶振频率为 11.0592MHz,波特率为 1200bit/s
    TL1=0xE8;
    TI=1;
    TR1=1;                              //启动定时器
/*这是第二种注释方式*/
while(1)
  {
    Printf("Hello World! \n");          //显示"Hello World!"
  }
}
```

这段程序的功能是不断地从串口输出“Hello World!”字符。从程序示例可以看出，它与标准 C 程序基本上是相同的，只是要用到适用于 51 系列单片机硬件的资源头文件，程序中用#include 命令语句调用 C51 的头文件<AT89X51. h>和<stdio. h>。

程序中具有 Keil C51 编译器所支持的两种注释语句：一种是以“//”符号开始的语句，符号之后的语句都被视为“注释”，直到有回车换行；另一种是在“/*”和“*/”符号之内的语句为注释。注释不会被 C 编译器所编译。

1. C51 程序的一般结构

C51 程序的一般结构如下：

```
预处理命令              /*用于包含头文件等*/
全局变量说明            /*全局变量可以被程序所有函数引用*/
函数 1 说明             /*说明程序中需要的各种函数*/
```

```
……
函数 n 说明
/*主函数*/
main(){
    局部变量说明;            /*局部变量只能在所定义的函数内部引用*/
    执行语句;
    函数调用(形式参数表);
}
/*其他函数定义*/
函数 1(形式参数说明){
    局部变量说明;            /*局部变量只能在所定义的函数内部引用*/
    执行语句;
    函数调用(形式参数表);
}
……
函数 n(形式参数说明){
    局部变量说明;            /*局部变量只能在所定义的函数内部引用*/
    执行语句;
    函数调用(形式参数表);
}
```

由此可见，C51程序首先是调用与所使用单片机硬件资源有关的头文件，在头文件中包括：对单片机的存储类型及存储SFR、存储模式、存储器类型的声明，变量类型的声明，位变量与位寻址、特殊功能寄存器（SFR）、C51指针、特殊库函数属性等的特殊定义。

C51程序也与C程序一样，是由一系列函数组成的，函数之间可以相互调用，但一个C程序中只有一个主函数main。main函数可以调用其他功能函数，但其他功能函数不允许调用main函数。不论main函数放在程序中的哪个位置，总是先被执行。其他功能函数既可以是C编译器提供的库函数，也可以是由用户按实际需要自行编写的函数。

编写C51程序时要注意如下几点：

1）函数以括号“{”开始，以括号“}”结束，包含在“{}”以内的部分称为函数体。括号必须成对出现，如果一个函数内有多对括号，则最外层括号为函数体的范围。为了使程序增加可读性并便于理解，可以采用缩进方式书写。

2）C51程序没有行号，书写格式自由，一行内可以书写多条语句，一条语句也可以分写在多行上。

3）每条语句最后必须以一个分号“;”结尾，分号是C51程序的必要组成部分。

4）每个变量必须先定义后引用。在函数内部定义的变量为局部变量，又称为内部变量，只有在定义它的函数之内才能够使用。在函数外部定义的变量为全局变量，又称为外部变量，在定义它的程序文件中的函数都可以使用它。

5）对程序语句的注释必须放在双斜杠“//”之后，或者放在“/*”和“*/”之内。

2. C51程序设计的基本语法

（1）表达式语句　C51提供了十分丰富的程序控制语句。表达式语句是最基本的一种语句。在表达式的后边加一个“;”就构成了表达式语句。表达式语句也可以仅由一个分号“;”组成，这样的语句称为空语句。空语句在程序设计中有时是很有用的，当程序在语法上需要有一个语句，但在语义上并不要求有具体的动作时，便可以采用空语句。

（2）复合语句　复合语句是由若干条基本语句组成的一种语句，是一个由括号“{}”将若干条语句组合在一起而形成的功能块。复合语句不需要以“;”结束，但复合语句的内部语句仍需以“;”结束。

复合语句的一般形式为

```
{
    局部变量定义;
    语句 1;
    ……
    语句 2;
    语句 n;
}
```

（3）条件语句　条件语句又称为分支语句，是由关键字“if”构成的。C51 提供了 3 种形式的条件语句：

1）if（条件表达式）语句　其含义是：若条件表达式的结果为真（非 0 值），则执行后面的语句；反之，若条件表达式的结果为假（0 值），则不执行后面的语句。这里的语句也可以是复合语句。

2）if（条件表达式）语句 1

else 语句 2

其含义是：若条件表达式的结果为真（非 0 值），就执行语句 1；反之，若条件表达式的结果为假（0 值），就执行语句 2。这里的语句 1 和语句 2 均可以是复合语句。

3）if（条件表达式 1）语句 1

else if（条件表达式 2）语句 2

else if（条件表达式 3）语句 3

……

else if（条件表达式 *n*）语句 *n*

else 语句 *m*

这种条件语句常用来实现多方向条件分支。

（4）开关语句　开关语句也是一种用来实现多方向条件分支的语句。虽然采用条件语句也可以实现多方向条件分支，但是当分支较多时会使条件语句的嵌套层次太多，程序冗长，可读性降低。开关语句直接处理多分支选择，使程序结构清晰，使用方便。开关语句是用关键字 switch 构成的，其一般形式如下：

```
switch(表达式)
    {
    case 常量表达式 1:语句 1
            break;
    case 常量表达式 2:语句 2
            break;
```

```
        ……
    case 常量表达式 n:语句 n
            break;
    default:语句 d
    }
```

开关语句的执行过程是：将 switch 后面表达式的值与 case 后面各个常量表达式的值逐个进行比较，若匹配，就执行相应 case 后面的语句，然后执行 break 语句。break 语句又称为“间断语句”，其功能是终止当前语句的执行，使程序跳出 switch 语句。若不匹配，则只执行语句 d。

（5）循环语句　实际应用中很多地方需要用到循环控制，如对于某种操作需要反复进行等。在 C51 程序中用来构成循环控制的语句有：while 语句、do…while 语句、for 语句，以及 goto 语句。

1）采用 while 语句构成循环结构的一般形式：

while(条件表达式)语句;

其含义是：当条件表达式的结果为真（非 0 值）时，程序就重复执行后面的语句，一直执行到条件表达式的结果变为假（0 值）时为止。这种循环结构是先检查条件表达式给出的条件，再根据检查的结果决定是否执行后面的语句。如果条件表达式的结果一开始就为假，则后面的语句一次也不会被执行。这里的语句可以是复合语句。

2）采用 do…while 语句构成循环结构的一般形式：

do 语句 while(条件表达式);

这种循环结构的特点是先执行给定的循环体语句，然后再检查条件表达式的结果。当条件表达式的值为真（非 0 值）时，则重复执行循环体语句，直到条件表达式的值变为假（0 值）时为止。因此，用 do…while 语句构成的循环结构在任何条件下循环体语句至少会被执行一次。

3）采用 for 语句构成循环结构的一船形式：

for([初值设定表达式];[循环条件表达式];[更新表达式])语句

for 语句的执行过程是：先计算出初值，设定表达式的值作为循环控制变量的初值，再检查循环条件表达式的结果，当满足条件时就执行循环体语句并计算更新表达式，然后再根据更新表达式的计算结果来判断循环条件是否满足……，一直进行到循环条件表达式的结果为假（0 值）时退出循环体。

（6）goto、break 和 continue 语句

1）goto 语句。goto 语句是一个无条件转向语句，其一般形式：

goto 语句标号;

其中，语句标号是一个带冒号“:”的标识符。将 goto 语句和 if 语句一起使用，可以构成一个循环结构。但更常见的是，在 C51 程序中采用 goto 语句来跳出多重循环，需要注意的是，只能用 goto 语句从内层循环跳到外层循环，而不允许从外层循环跳到内层循环。

2）break 语句。break 语句也可以用于跳出循环语句，其一般形式：

break;

对于多重循环的情况，break 语句只能跳出它所处的那一层循环，而不像 goto 语句那样可以直接从最内层循环中跳出来。由此可见，要退出多重循环，采用 goto 语句比较方便。需要指出的是，break 语句只能用于开关语句和循环语句，它是一种具有特殊功能的无条件转移语句。

3）continue 语句。continue 是一种中断语句，它的功能是中断本次循环，其一般形式为：

continue;

continue 语句通常与条件语句一起用在由 while、do…while 和 for 语句构成的循环结构中，它也是一种具有特殊功能的无条件转移语句，但与 break 语句不同，continue 语句并不跳出循环体，而只是根据循环控制条件确定是否继续执行循环语句。

（7）返回语句　返回语句用于终止函数的执行，并控制程序返回到调用该函数时所处的位置。返回语句有两种形式：如果 return 语句后面带有表达式，则要计算表达式的值，并将表达式的值作为该函数的返回值。若使用不带表达式的第二种形式，则被调用函数返回主调函数时，函数值不确定。一个函数的内部可以含有多个 return 语句，但程序仅执行其中的一个 return 语句而返回主调函数。一个函数的内部也可以没有 return 语句，在这种情况下，当程序执行到最后一个界限符“}”处时，就自动返回主调函数。

二、数据类型

表 1 中列出了 Keil μVision2 C51 编译器所支持的数据类型。在标准 C 语言中，基本的数据类型为 char、int、short、long、float 和 double，而在 C51 编译器中 int 和 short 相同，float 和 double 相同，这里不再列出说明。

表 1　Keil μVision2 C51 编译器所支持的数据类型

数据类型	长度	值域
unsigned char	单字节	0~255
signed char	单字节	-128~+127
unsigned int	双字节	0~65535
signed int	双字节	-32768~+32767
unsigned long	4 字节	0~4294967295
signed long	4 字节	-2147483648~+2147483647
float	4 字节	±1.175494E-38~±3.402823E+38
*	1~3 字节	对象的地址
bit	位	0 或 1
sfr	单字节	0~255
sfr16	双字节	0~65535
sbit	位	0 或 1

具体的类型说明如下：

1. char 字符类型

char 类型的长度是一个字节，通常用于定义处理字符数据的变量或常量。char 类型分为无符号字符类型（unsigned char）和有符号字符类型（signed char），默认值为 signed char 类型。

其中，unsigned char 类型用字节中所有的位来表示数值，可以表达的数值范围是 0～255。signed char 类型用字节中最高位表示数据的符号，“0”表示正数，“1”表示负数，负数用补码表示；所能表示的数值范围是-128～+127。unsigned char 常用于处理 ASCII 字符或者小于或等于 255 的整型数。

正数的补码与原码相同，负二进制数的补码等于它的绝对值按位取反后加 1。

2. int 型

int 整型的长度为两个字节，用于存放一个双字节数据，分为有符号整型数（signed int）和无符号整型数（unsigned int），默认值为 signed int 类型。其中，signed int 表示的数值范围是-32768～+32767，字节中最高位表示数据的符号，“0”表示正数，“1”表示负数。unsigned int 表示的数值范围是 0～65535。

3. long 长整型

long 长整型的长度为 4 个字节，用于存放一个 4 字节数据，分为有符号长整型（signed long）和无符号长整型（unsigned long），默认值为 signed long 类型。其中，signed long 表示的数值范围是-2147483648～+2147483647，字节中最高位表示数据的符号，“0”表示正数，“1”表示负数。unsigned long 表示的数值范围是 0～4294967295。

4. float 浮点型

float 浮点型在十进制中具有 7 位有效数字，是符合 IEEE-754 标准的单精度浮点型数据，占用 4 个字节。

5. 指针型

指针型本身就是一个变量，用来存放指向另一个数据的地址。这个指针变量要占据一定的内存单元，不同的处理器中指针型变量的长度也不尽相同，在 C51 中它的长度一般为 1～3 个字节。

6. bit 位标量

bit 位标量是 C51 编译器的一种扩充数据类型，利用它可定义一个位标量，但不能定义位指针，也不能定义位数组。它的值是一个二进制位，不是 0 就是 1，类似一些高级语言中的 Boolean 类型中的 True 和 False。

7. 特殊功能寄存器 sfr

sfr 也是一种扩充数据类型，占用一个内存单元，值域为 0～255。利用它可以访问 51 单片机内部的所有特殊功能寄存器。例如，用“sfrP1＝0x90”这一语句定义 P1 为 P1 端口在片内的寄存器，在后面的语句中可以用“P1＝255;”（对 P1 端口的所有引脚置高电平）之类的语句来操作特殊功能寄存器。

8. 16 位特殊功能寄存器 sfr16

sfr16 占用两个内存单元，值域为 0～65 535。sfr16 和 sfr 一样用于操作特殊功能寄存器，所不同的是它用于操作占两个字节的寄存器，如定时器 T0 和 T1。

9. sbit 可寻址位

sbit 可寻址位是 C51 中的一种扩充数据类型，利用它可以访问芯片内部 RAM 中的可寻址位或特殊功能寄存器中的可寻址位。例如：

```
sfr P1 = 0x90;              //因 P1 端口的寄存器是可位寻址的
```

因此，可以定义：

```
sbit P1_1 = P1^1;           //P1_1 为 P1 中的 P1.1 引脚
```

三、常量、变量、标识符和关键字

1. 标识符和关键字

C 语言中的标识符和关键字在 C51 中一般都有。

标识符由字符、数字和下划线等组成，是由字符或下划线开头的字符串。标识符用来标记源程序中某个对象的名字，这些对象可以是语句、数据类型、函数、变量、数组等。C 语言是大小写敏感的一种高级语言，如“timer1”和“TIMER1”是两个定义完全不同的标识符。有些编译系统专用的标识符是以下划线开头的，所以自定义标识符一般不要以下划线开头命名。用户根据需要定义的标识符称为用户标识符，在命名这些标识符时应当简单、含义清晰，做到“见名知义”，这样有助于理解程序。在 C51 编译器中，只支持标识符的前 32 位为有效标志。

关键字则是 C 语言规定的一批标识符，它们具有固定的名称和含义，不能另作他用，在程序编写过程中不允许标识符与关键字相同。例如，int、fioat 等有专门的用途，它们不能用来再做变量名或函数名之类的标识符，具体使用方法参阅 C 语言书籍。

2. 常量

常量是在程序运行过程中不能改变值的量，而常量的数据类型只有整型、浮点型、字符型、字符串型和位标量。

常量的数据类型说明如下：

1）整型常量可以表示为十进制数，如 123.0，-89 等。十六进制数则以 0x 开头，如 0x34，-0x3B 等。长整型则在数字后面加字母 L，如 104L，034L 等。

2）浮点型常量有十进制和指数两种表示形式。其中，十进制由数字和小数点组成，如 0.888，3345.345 等，若整数或小数部分为 0 则可以省略，但必须有小数点。指数表示形式为［±］数字［.数字］e［±］数字，［］中的内容为可选项，根据具体情况可有可无，但其余部分必须有，如 125e3，7e9，-3.0e -3。

3）字符型常量是单引号内的字符，如‘a’和‘d’等；不可以显示的控制字符，可以在该字符前面加一个反斜杠“\”组成专用转义字符。

4）字符串型常量由双引号内的字符组成，如“test”和“OK”等。当引号内没有字符时为空字符串。在使用特殊字符时，同样要使用转义字符，如双引号。在 C 语言中，字符串常量是作为字符类型数组来处理的，在存储字符串时系统会在字符串尾部加上\0 转义字符以作为该字符串的结束符。字符串常量“A”和字符常量‘A’是不同的，前者在存储时多占用一个字节的空间。

5）位常量，它的值是一个二进制数。

常量可用在不必改变值的场合，如固定的数据表、字库等。常量的定义方式有多种，下面举例来加以说明。

```
#difine False 0x0;          //用预定义语句定义常量
#difine True 0x1;           //这里定义 False 为 0,True 为 1
```

在程序中用到 False 时编译器自动用 0 替换，同理 True 替换为 1。

3. 变量

变量就是一种在程序执行过程中其值能不断变化的量。要在程序中使用变量必须先用标识符作为变量名，并指出所用的数据类型和存储模式，这样编译系统才能为变量分配相应的存储空间。定义变量时可以使用所有 C51 编译器支持的数据类型，定义一个变量的格式如下：

[存储种类] 数据类型 [存储器类型] 变量名表

在定义格式中，除了数据类型和变量名表是必要的，其他都是可选项。

1）存储种类有 4 种：自动（auto）、外部（extrn）、静态（static）和寄存器（register），默认类型为自动（auto）。存储种类指示变量用什么形式存储，可以交给 Keil 进行优化处理，编程时一般采用默认形式。

2）数据类型表示数据在单片机程序中占用的存储空间和数据形式，可以是整型、浮点型、字符型、字符串型和位变量等 C51 支持的各种类型。

3）存储器类型用于指定该变量在 C51 硬件系统中所使用的存储区域，以便在编译时准确地定位。表 2 中是 Keil μVision2 所能识别的存储器类型。需要注意的是，在 AT89S51 芯片中 RAM 只有低 128 位，位于 80H~FFH 的高 128 位则在 52 芯片中才有，并与特殊寄存器地址重叠。

表 2 存储器类型

存储器类型	说 明
data	直接访问内部数据存储器（128B），访问速度最快
bdata	可位寻址内部数据存储器（16B），允许位与字节混合访问
idata	间接访问内部数据存储器（256B），允许访问全部内部地址
pdata	分页访问外部数据存储器（256B），用 MOVX@ Ri 指令访问
xdata	外部数据存储器（64KB），用 MOVX@ DPTR 指令访问
code	程序存储器（64KB），用 MOVC@ A+DPTR 指令访问

如果省略存储器类型，系统则会按编译模式 SMALL、COMPACT 或 LARGE 所规定的默认存储器类型去指定变量的存储区域。无论什么存储模式都可以声明变量在任何的 8051 存储区范围，然而把最常用的命令（如循环计数器和队列索引）放在内部数据区可以显著提高系统性能。还需指出的就是，变量的存储种类与存储器类型是完全无关的。

SMALL 存储模式把所有函数变量和局部数据段放在 8051 系统的内部数据存储区，这使访问速度非常快，但 SMALL 存储模式的地址空间受限。在编写小型的应用程序时，变量和数据放在 data 内部数据存储器中是很好的，因为访问速度快。但在较大的应用程序中，data 区最好只存放较小的变量、数据或常用的变量（如循环计数、数据索引），而较大的数据则放置在其他存储区域。

COMPACT 存储模式中所有的函数和程序变量以及局部数据段定位在 8051 系统的外部数据存储区。外部数据存储区可有最多 256B（一页），在本模式中，外部数据存储区的短地址用“@ R0/R1”。

LARGE 存储模式将所有函数和过程变量以及局部数据段都定位在 8051 系统的外部数据区，外部数据区最多可有 64KB，这要求用 DPTR 数据指针访问数据。

作为变量时的 sfr、sfr16、sbit 定义变量的方法如下：

sfr 和 sfr16 可以直接对 51 单片机的特殊寄存器进行定义，定义方法为

```
sfr 特殊功能寄存器名=特殊功能寄存器地址常数;
sfr16 特殊功能寄存器名=特殊功能寄存器地址常数;
```

例如，可以这样定义 AT89S51 的 P1 口：

```
sfr P1=0x90;                //定义 P1 为 I/O 口，其地址为 90H
```

sfr 关键字后面是一个要定义的名字，可任意选取，但要符合标识符的命名规则，名字有一定的含义，如 P1 口可以用 P1 为名，这样程序会变得易读得多。等号后面必须是常数，允许有带运算符的表达式，而且该常数必须在特殊功能寄存器的地址范围之内（80H ~ FFH），具体可查看附录中的相关说明。sfr 可定义 8 位的特殊功能寄存器，而 sfr16 则可用来定义 16 位特殊功能寄存器，如 8052 的 T2 定时器可以定义为

```
sfr16 T2=0xCC;              //这里定义 8052 定时器 T2 的地址为 T2L=CCH,T2H=CDH
```

用 sfr16 定义 16 位特殊功能寄存器时，等号后面是它的低位地址，高位地址一定要位于物理低位地址之上。需要注意的是，不能用于定时器 0 和 1 的定义。

sbit 可定义可位寻址对象，如特殊功能寄存器中的某位。例如，要访问 P1 口中的第二个引脚 P1.1，可以用以下的方法定义：

（1） sbit 位变量=位地址

```
sbit P1_1=0x91;
```

这样是把位的绝对地址赋给位变量。同 sfr 一样，sbit 的位地址必须位于 80H ~ FFH 之间。

（2） sbit 位变量名=特殊功能寄存器名^位位置

```
sfr P1=0x90;
sbit P1_ 1=P1^1;            //先定义一个特殊功能寄存器名，再指定位变量名所在的位置。当
                              可寻址位位于特殊功能寄存器中时可采用这种方法
```

（3） sbit 位变量名=字节地址^位位置

这种方法其实和（2）是一样的，只是把特殊功能寄存器的位址直接用常数表示。

在 C51 存储器类型中提供了一个 bdata 的存储器类型，是可位寻址的数据存储器，位于单片机的可位寻址区中，可以将要求可位寻址的数据定义为 bdata，例如：

```
unsigned charb data ib;        //在可位寻址定义 unsigned char 类型变量 ib
int bdata ab[2];               //在可位寻址定义数组 ab[2],这些也称为"可寻址对象"
sbit ib7=ib^7;                 //用关键字 sbit 定义位变量来独立访问可寻址位对象的其中一位
sbit ab12=ab[1]^12;
```

操作符“^”后面位的位置最大值取决于指定的基址类型，char 类型为 0~7，int 类型为 0~15，long 类型为 0~31。

四、C51 的运算符与表达式

运算符就是完成某种特定运算的符号。表达式则是由运算符和运算对象组成具有特定含义的式子。在表达式后面加上分号“;”就构成了一个表达式语句。

运算符按其在表达式中所起的作用，可分为赋值运算符、算术运算符、增量和减量运算符、关系运算符、逻辑运算符、位运算符、复合赋值运算符、逗号运算符、条件运算符、指针和地址运算符、强制类型转换运算符等。

1. 赋制运算符

在 C51 程序中，符号“=”称为赋值运算符，它的作用就是将一个数据的值赋给一个变量。利用赋值运算符将一个变量与一个表达式连接起来的式子称为赋值表达式，在赋值表达式后面加上“;”就构成了赋值语句。注意，不应将“=”与关系运算符“==”相混淆。

2. 算术运算符

C 语言中的算术运算符有+（加或取正值）运算符、-（减或取负值）运算符、*（乘）运算符、/（除）运算符和%（取余）运算符。

在这些运算符中，加法、减法和乘法符合一般的算术运算规则，除法运算有所不同，如果是两个整数相除，其结果为整数，舍去小数部分；如果是两个浮点数相除，其结果为浮点数。取余运算要求两个运算对象均为整型数据。

用算术运算符将运算对象连接起来的式子称为算术表达式。在求一个算术表达式的值时，要按运算符的优先级进行。算术运算符中取负值（-）的优先级最高，其次是乘法（*）、除法（/）和取余（%）运算符，加法（+）和减法（-）运算符的优先级最低。需要时可以在算术表达式中采用圆括号来改变运算符的优先级。

3. 增量和减量运算符

C51 中除了基本的加、减、乘、除运算符之外，还提供了特殊的运算符：++（增量）运算符和--（减量）运算符。增量和减量运算符是 C51 中特有的一种运算符，它们的作用分别是对运算对象做加 1 和减 1 运算。增量运算符和减量运算符只能用于变量，不能用于常数或表达式，在使用中要注意运算符的位置。例如，++i 与 i++的意义完全不同，前者是在使用 i 之前先使 i 加 1，而后者则是在使用 i 之后再使 i 加 1。

4. 关系运算符

C 语言中有 6 种关系运算符：>（大于）、<（小于）、>=（大于等于）、<=（小于等于）、==（等于）和!=（不等于）。其中，前 4 种关系运算符具有相同的优先级，后两种关系运算符也具有相同的优先级，但前 4 种关系运算符的优先级高于后两种。用关系运算符将两个表达式连接起来即成为关系表达式。

5. 逻辑运算符

逻辑运算符用来求某个条件式的逻辑值，C51 中有 3 种逻辑运算符：II（逻辑或）、&&（逻辑与）和！（逻辑非）。用逻辑运算符将关系表达式或逻辑量连接起来就是逻辑表达式。

关系运算符和逻辑运算符通常用来判别某个条件是否满足，关系运算和逻辑运算的结果只有 0 和 1 两种值。当所指定的条件满足时结果为 1，条件不满足时结果为 0。

上面几种运算符的优先级（由高到低）为：逻辑非→算术运算符→关系运算符→逻辑与→逻辑或。

6. 位运算符

C51 中共有 6 种位运算符：~（按位取反）、<<（左移）、>>（右移）、&（按位与）、^（按位异或）和|（按位或）。

位运算符的作用是按位对变量进行运算，并不改变参与运算的变量的值。若希望按位改变运算变量的值，则应利用相应的赋值运算。例如，先用赋值语句 a =0xEA 将变量 a 赋值为 0xEA，接着对变量 a 进行移位操作（a<<2），其结果是将十六进制数 0xEA 左移两位，移空的两位补 0，移出的两位丢弃，移位的结果为 0xAS，而变量 a 的值在执行后仍为 0xEA。如果希望变量 a 在执行之后为移位操作的结果，则应采用语句 a=a<<2。另外，位运算符不能用来对浮点型数据进行操作。

位运算符的优先级从高到低依次是：按位取反（~）、左移（<<）和右移（>>）、按位与（&）、按位异或（^）、按位或（|）。

7. 复合赋值运算符

在赋值运算符“=”的前面加上其他运算符就构成了“复合赋值运算符”，在 C51 中共有 11 种复合赋值运算符：+=（加法赋值）、-=（减法赋值）、*=（乘法赋值）、/=（除法赋值）、%=（取模赋值）、<<==（左移位赋值）、>>=（右移位赋值）、&=（逻辑与赋值）、|=（逻辑或赋值）、^=（逻辑异或赋值）和~=（逻辑非赋值）。

复合赋值运算首先对变量进行某种运算，然后将运算结果再赋给该变量。采用复合赋值运算符可以使程序简化，同时还可以提高程序的编译效率。

8. 逗号运算符

在 C51 程序中，逗号“,”是一种特殊的运算符，可以用它将两个（或多个）表达式连接起来，称为逗号表达式。程序运行时，对于逗号表达式的处理是从左至右依次计算出各个表达式的值，而整个逗号表达式的值是最右边表达式的值。

在许多情况下，使用逗号表达式的目的只是为了分别得到各个表达式的值，而并不一定要得到和使用整个逗号表达式的值。另外还要注意，并不是在程序的任何地方出现的逗号都可以认为是逗号运算符。有些函数中的参数也是用逗号来间隔的，如库输出函数 printf（“\n% d%d%d”，a，b，c）中的“a，b，c”是函数的三个参数，而不是一个逗号表达式。

9. 条件运算符

条件运算符“?:”是 C51 中唯一的一个三目运算符，它要求有三个运算对象，用它可以将三个表达式连接成一个条件表达式。

条件表达式的一般形式如下：

逻辑表达式? 表达式 1：表达式 2

其功能是首先计算逻辑表达式，当其运算结果为真（非0值）时，将表达式1的值作为整个条件表达式的值；当其运算结果为假（0值）时，将表达式2的值作为整个条件表达式的值。例如，条件表达式 max=（a>b）？a：b 的执行结果是将 a 和 b 中较大者赋值给变量 max。另外，条件表达式中逻辑表达式的类型可以与表达式1和表达式2的类型不同。

10. 指针和地址运算符

指针是 C51 中一个十分重要的概念，C51 中专门规定了一种指针类型的数据。变量的指针就是该变量的地址，还可以定义一个指向某个变量的指针变量。为了表示指针变量和它所指向的变量地址之间的关系，C51 提供了两个专门的运算符：*（取内容）和 &（取地址）。

取内容和取地址运算的一般形式分别为

变量= * 指针变量

指针变量=& 目标变量

取内容运算的含义是将指针变量所指向的目标变量值赋给左侧的变量；取地址运算的含义是将目标变量的地址赋给左侧的变量。需要注意的是，指针变量中只能存放地址（即指针型数据），不要将一个非指针类型的数据赋值给一个指针变量。例如，使用下面的语句来对指针变量赋值（地址值）：

```
char data * p              //定义指针变量
p=30H                      //给指针变量赋值，30H为8051片内RAM地址
```

11. C51 对存储器和特殊功能寄存器的访问

虽然可以采用指针变量对存储器地址进行操作，但是由于 8051 单片机存储器结构自身的特点，C51 提供了另外一种访问方法，即利用库函数中的绝对地址访问头文件“absacc. h”来访问不同区域的存储器，以及片外扩展 I/O 端口。在“absacc. h”头文件中进行了如下宏定义：

CBYTE [地址]（访问 CODE 区 char 型）

DBYTE [地址]（访问 DATA 区 char 型）

PBYTE [地址]（访问 PDATA 区或 I/O 端口 char 型）

XBYTE [地址]（访问 XDATA 区或 I/O 端口 char 型）

CWORD [地址]（访问 CODE 区 int 型）

DWORD [地址]（访问 DATA 区 int 型）

PWORD [地址]（访问 PDATA 区或 I/O 端口 int 型）

XWORD [地址]（访问 XDATA 区或 I/O 端口 int 型）

下面语句完成向片外扩展端口地址 7FFFH 写入一个字符型数据的功能：

```
XBYTE[0x7FFF]=0x80;
```

下面语句将 int 型数据 0x9988 送入外部 RAM 单元的 0000H 和 0001H：

```
XWORD[0]=0x9988;
```

如果采用如下语句定义一个 D/A 转换器端口地址：

```
#define DAC0832 XBYTE[0x7FFF]
```

那么，程序文件中所有出现 DAC0832 的地方，就是对地址为 0x7FFFH 的外部 RAM 单元或 I/O 端口进行访问。

8051 单片机具有 100 多个品种，为了方便访问不同品种单片机内部的特殊功能寄存器，C51 提供了多个相关头文件，如“reg51.h”和“reg52.h”等。在头文件中对单片机内部的特殊功能寄存器及其有位名称的可寻址位进行了定义，编程时只要根据所采用的单片机型号、在主程序文件开始处用文件包含处理命令“#include”将相关头文件包含进来，就可以直接引用特殊功能寄存器（注意必须采用大写字母）了。例如，使用下面语句完成 8051 定时方式寄存器 TMOD 的赋值：

```
#include< reg51.h>
TMOD=0x20;
```

12. 强制类型转换运算符

C 语言中的圆括号“（）”也可以作为一种运算符使用，这就是强制类型转换运算符，它的作用是将表达式或变量的类型强制转换成为所指定的类型。在 C51 程序中进行算术运算时，需要注意数据类型的转换，数据类型分为隐式转换和显式转换。其中，隐式转换是在对程序进行编译时由编译器自动处理的，并且只有基本数据类型（即 char、int、long 和 float）可以进行隐式转换。其他数据类型不能进行隐式转换，例如，不能把一个整型数利用隐式转换赋值给一个指针变量，在这种情况下就必须利用强制类型转换运算符来进行显式转换。强制类型转运算符的一般使用形式为

(类型)(表达式)

显示强制类型转换在给指针变量赋值时特别有用。例如，预先在 8051 单片机的片外数据存储器（xdata）中定义了一个字符型指针变量 px，如果想给这个指针变量赋一初值 0xB000，可以写成：px=(char xdata ＊)0xB000。这种方法特别适合于用标识符来存取绝对地址的场合。

五、函数

从用户角度来看，有两种函数，一种是用户直接调用的 Keil C51 编译系统提供的标准库函数，另一种是用户自己根据编程需要定义的实现特定功能的函数。自定义的函数必须先定义后调用。

函数定义的一般形式为

```
函数类型 函数名(形式参数表)
{
局部变量定义
函数体语句
}
```

其中，1）“函数类型”说明了自定义函数返回值的类型。

2）“函数名”是用标识符表示的自定义函数的名字。

3）“形式参数表”中列出了调用函数与被调用参数之间传递数据的形式参数，形式参

数的类型必须进行说明。如果定义的是无参函数，可以没有形式参数表，但圆括号不能省略。

4）“局部变量定义”就是对在函数内部使用的局部变量进行定义。

5）“函数体语句”是为完成该函数的特定功能而设置的各种语句。

C51 程序中的函数是可以互相调用的。所谓函数调用就是在一个函数体中引用另外一个已经定义了的函数，前者称为主调函数，后者称为被调用函数。

函数调用的一般形式为

```
函数名(实际参数表)
```

其中，“函数名”指出被调用的函数。“实际参数表”中可以包含多个实际参数，各个参数之间用“，”分开。实际参数的作用是将它的值传递给被调用函数中的形式参数。需要注意的是，调用函数中的实际参数与定义函数中的形式参数必须在个数、类型及顺序上严格保持一致，以便将实际参数的值正确地传递给形式参数。否则，在函数调用时会产生意想不到的结果。如果调用的是无参函数，则可以没有实际参数表，但圆括号不能省略。

在 C51 中可以采用三种方式完成函数的调用。

1. 函数语句

在主调函数中将函数调用作为一条语句。这是无参调用，它不要求被调函数返回一个确定的值，只要求它完成一定的操作。

2. 函数表达式

在主调函数中，函数调用作为一个运算对象直接出现在表达式中，这种表达式称为函数表达式。这种函数调用方式通常要求被调函数返回一个确定的值。

3. 函数参数

在主调函数中将函数调用作为另一个函数调用的实际参数。这种在调用一个函数的过程中又调用了另外一个函数的方式，称为嵌套函数调用。

与使用变量一样，在调用一个函数（包括标准库函数）之前，必须对该函数的类型进行说明，即“先说明，后调用”。如果调用的是库函数，一般应在程序的开始处用预处理命令“include”将有关函数说明的头文件包含进来。如果调用的是用户自定义函数，而且该函数与调用它的主调函数在同一个文件中，一般应该在主调函数中对被调函数的类型进行说明。

函数说明的一般形式为

类型标识符　被调用的函数名（形式参数表）；

其中，“类型标识符”说明了函数返回值的类型。“形式参数表”中说明各个形式参数的类型。

需要注意的是，函数的定义与函数的说明是完全不同的，二者在书写形式上也不同，定义函数时，被定义函数名的圆括号后面没有分号“；”，即函数定义还未结束，后面应接着写被定义的函数体部分；而函数说明结束时在圆括号的后面需要有一个分号“；”作为结束标志。

参 考 文 献

[1] 高玉泉．单片机应用技术［M］. 北京：机械工业出版社，2012.

[2] 朱永金．单片机应用技术［M］. 北京：中国劳动社会保障出版社，2013.

[3] 王贤辰．单片机应用技术［M］. 北京：机械工业出版社，2015.

[4] 谢维成，杨加国．单片机原理与应用及C51程序设计［M］. 4版．北京：清华大学出版社，2019.

[5] 何文平．单片机应用与调试项目教程（汇编语言版）［M］. 北京：机械工业出版社，2011.

[6] 李秀忠．单片机应用技术［M］. 北京：人民邮电出版社，2007.

[7] 朱蓉．单片机技术与应用［M］. 北京：机械工业出版社，2011.